世界第一美味の
懶人料理法100道

世界一美味しい手抜きごはん
最速!やる気のいらない100レシピ

はらぺこグリズリー
好餓的灰熊 著　王華懋 譯

前言

「我是烹飪菜鳥，可是想做出精美大餐！」
「下班很累，沒時間煮飯，可是又想自煮。」
「我忙翻了，實在沒辦法花那麼多時間煮飯。」
只要是有下廚經驗的人，都一定有過這樣的煩惱。

本書收錄的食譜，全都是可以「輕鬆完成的美味料理」，不管是對有烹飪經驗的人還是菜鳥，都能大有助益。

作者本身剛學做菜的時候，也曾經望食譜而興嘆「好像很好吃，可是看起來好難，我做不出來」，含淚放棄。現在雖然已經習慣下廚了，但有些日子還是會因為沒時間或提不起勁而斷然放棄：「沒力氣煮飯了！今天吃泡麵！」

即使學會下廚，麻煩的步驟依舊很麻煩。但每天吃泡麵或即食調理包，也讓人很有罪惡感……

如此一來，自然會讓人動起歪腦筋：要怎麼樣才能「自煮」同時又盡量「偷懶」呢？

不過基本上，料理的美味程度與下的工夫呈正比。
- 燉煮得愈久，食材就愈軟爛。
- 使用多種調味料，就可以創造出多層次的滋味。
- 運用許多食材熬出來的高湯，味道接近完美。

比方說，使用多種香料的印度絞肉咖哩滋味無窮，加入紹興酒文火燉煮好幾個小時的日式紅燒肉令人垂涎三尺。然而實際上，要在日常生活中花上大半天燉東西，或是家中常備好幾種香料，有些不切實際，反而會讓人想要吐槽：「花這麼多時間工夫去做，還能不好吃嗎？」

「如果能像做涼拌豆腐那樣，輕鬆完成精美的料理就好了……」

我就是出於這樣的願望，每天在自己的料理部落格刊登「輕鬆又美味的食

譜」。沒有任何需要燉煮老半天、使用多種香料的料理，也沒有「約、適量、少許」這類模稜兩可的指示，食材和調味料也全是可以在超市買到的商品。

我像這樣埋頭開發食譜，幸運地得到許多好評，並在這次有機會推出實體食譜。難得可以出書，我決定把握機會，編出一本徹底實用的食譜。

我的目標是不管任何人來做，都「像做涼拌豆腐一樣簡單」、「美味得就像花時間精心製作」的「世界第一美味的懶人料理食譜」。既然要做，就必須徹底追求「即使偷懶，做出來也一樣好吃」。

每一道食譜都以「如何簡單地做出好吃的料理」為最高目標，徹底追求以下三個重點：

- 即使做出來好吃，如果步驟不是超簡單就不行，重新開發。
- 如果可以節省10秒的時間，就毫不猶豫地採用這種方法。
- 食譜簡單易懂，不管誰來做，都能百分之百成功。

然後我耗費漫長的歲月，終於完成了自己也相當滿意的「世界第一美味懶人食譜」。完全不需要搬出食物調理機，也沒有需要燉煮老半天的麻煩菜色。沒有香菜這類難找的配料調味料，也沒有任何複雜的步驟。

基本上，裡面的料理都是「只需要攪拌」、「把材料全部丟進去，微波爐嗶一下」即可完成。雖然也有看起來有些複雜的料理，但也都是「只需要一只平底鍋，就可以從頭做到尾」。

這本書是為了料理初學者、忙得沒時間下廚的人而編纂，追求的是任何人來做都能「百分之百成功、簡單而且美味的食譜」。

期盼本書能減少讀者「忙得沒時間煮飯」、「想要做出精美菜色，但對我這個初學者太難了」等不安，讓「下廚時光」變成「滿懷期待的快樂時光」，並開心地驚呼：「沒想到這麼簡單，就能做出這麼美味的料理！」

好餓的灰熊

目次

無敵人氣菜色10道

極速佐酒小菜

迷人的麵類

終極配菜

完美飯類

信手拈來一品料理

至高的咖哩

犒賞自己的甜點

本書的使用方式

關於計量

- 1大匙是15ml。
- 1小匙是5ml。

關於材料

- 胡椒鹽使用胡椒與鹽巴混合的市售品。
- 麵味露使用2倍濃縮的商品。
- 去皮、去種、去蒂頭等步驟省略不提。
- 雞蛋、馬鈴薯、洋蔥等等的數目，皆以M尺寸為基準。
- 本書提到的「絞肉」，不管是「牛絞肉」、「豬絞肉」、「混合絞肉」皆可使用。
- 奶油使用有鹽奶油。

關於加熱時間

- 家用瓦斯爐、IH電磁爐等，機種不同，火力、功率也會不同。
- 加熱時間只是參考值，請斟酌火力大小，調整加熱時間。
- 特別是使用肉類和魚介類的料理，請務必確定食材完全熟透。

關於烹調器具

- 微波爐的加熱時間是以500W的火力為準。烤箱則為1000W。
- 如果是600W的機種，請將加熱時間乘以0.8倍調整。
- 不同的機種，火力會有些許差異。
- 烤箱不需要預熱。

調味料

只要有這些就能搞定！

只要有這些調味料，沒有豆瓣醬也能做出麻婆豆腐，沒有番紅花也能做出西班牙海鮮燉飯。可以避免廚房擺了一堆買來卻用不完的調味料。

最基本

砂糖

鹽

固定陣容

味醂

芝麻油

橄欖油

美乃滋

番茄醬

雞湯粉

軟管裝大蒜泥

軟管裝生薑泥

和風高湯粉

軟管裝黃芥末

有這些就可以做出本書的100道料理!!

如果有會更方便

中濃醬

伍斯特醬

御好燒醬

柚子醋醬油

起司粉

黑胡椒

沙拉油
(炒菜用)

咖哩塊

最強配料

雞蛋

絕對推薦的3種吃法

只要以這三種蛋來搭配料理，
就可以輕鬆升級為豪華版！

1 口感一級棒的白煮蛋

白煮蛋

材料（易於製作的分量）

雞蛋……3顆

1
水沸騰後，用勺子輕輕放入雞蛋，煮6分鐘。

2
浸泡冰水3分鐘後剝殼即完成。

＊煮水時先不放雞蛋，等到水沸騰了再放進去。
＊剝蛋殼時一邊沖水一邊剝，會更好剝。

2 世界第一美味的溏心蛋
溏心蛋

材料（易於製作的分量）

白煮蛋……3顆
麵味露……150ml

1
將白煮蛋和麵味露100ml放入密閉容器中。

2
用廚房紙巾蓋住白煮蛋，再淋上麵味露50ml。蓋上蓋子，靜置於冰箱半天即完成。

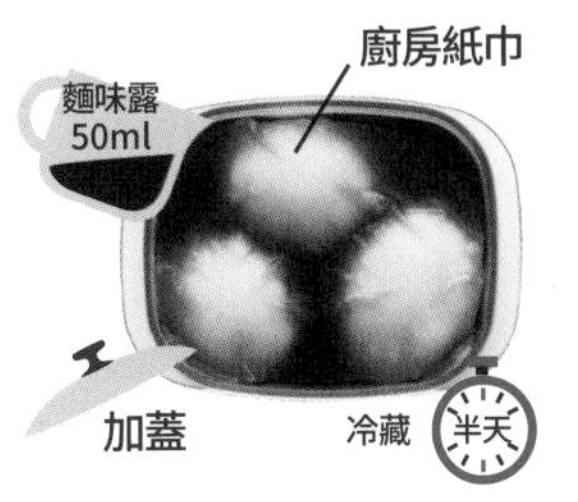

3 可以品嘗到幸福濃稠口感的溫泉蛋
溫泉蛋

材料（易於製作的分量）

雞蛋……1顆
水……1小匙

＊加熱時不用包保鮮膜。
＊以10秒為單位逐步加熱，直到蛋白凝固、蛋黃即將凝固的狀態。
＊單吃溫泉蛋時，淋上1小匙麵味露會更美味！

1
將雞蛋打入小型耐熱容器並加水。

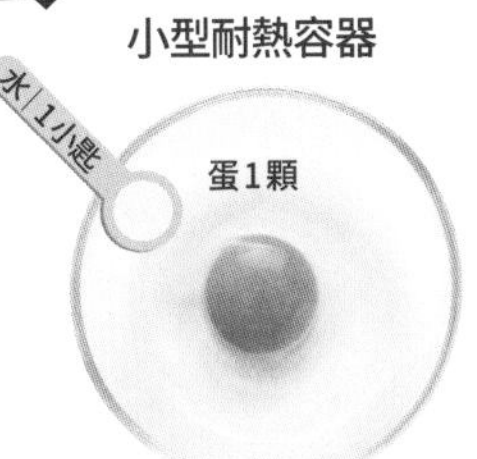

2
以微波爐加熱30～50秒，倒掉多餘水分即完成。

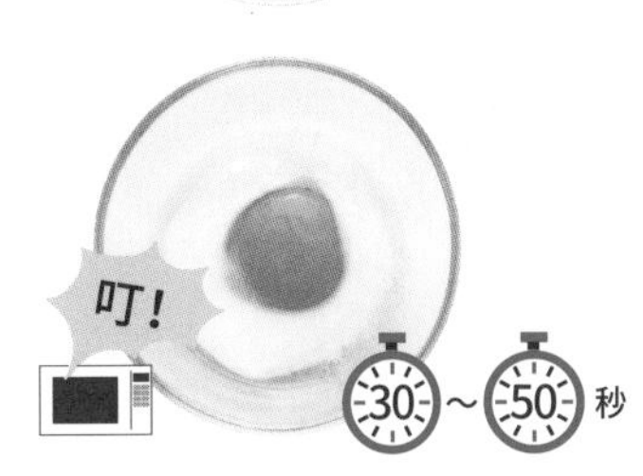

無敵人氣
菜色10道

「沒想到這麼簡單就能做出這麼美味、道地的料理！」
本食譜的目標是讓讀者不管從哪一道菜做起，都能發出這樣的讚嘆。
本章介紹部落格上也特別受歡迎、格外講求「簡單又美味」的10道食譜。
步驟都非常簡單，像是「將材料放進容器加熱即完成」，
即使是剛學做菜的人也能輕鬆完成。
希望讀者從感覺最容易的料理開始挑戰、品嘗，
若能感受到「簡單又好吃的料理唾手可得」，
那就是作者最大的幸福。

無敵人氣菜色10道

no. 

全世界最簡單
佐酒日式紅燒肉

材料（2~3人份）

- 豬五花肉塊……200g
- 長蔥……10cm

調味料

- 醬油……50ml
- 味醂……50ml
- 可樂……100ml

推薦配料

- 芽菜類

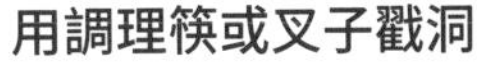

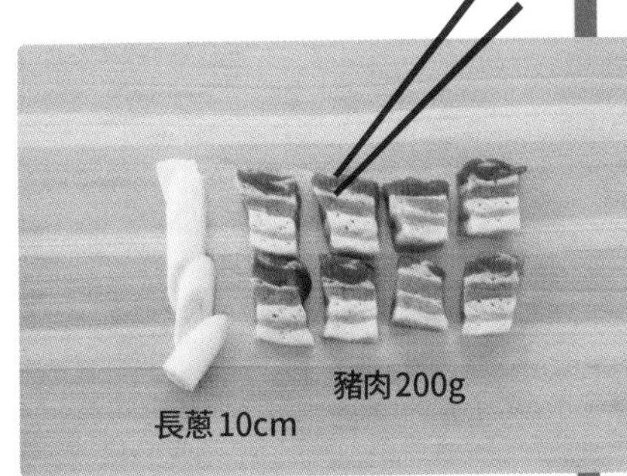

1
豬肉與長蔥切成一口大小。豬肉戳幾個洞。

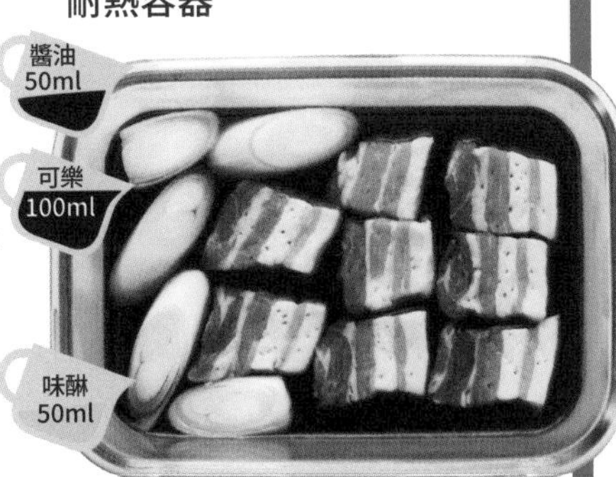

2
將1和全部的調味料放進耐熱容器。

包上保鮮膜

3
包上保鮮膜，以微波爐加熱10分鐘便完成。

用竹籤刺刺看，若流出透明的肉汁即完成。

＊可樂的碳酸可以軟化肉質，同時甜味可以讓滋味更有深度。
＊沒有長蔥也可以做，但長蔥可以去腥，泡過醬汁的柔軟長蔥也十分美味！

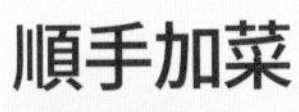

順手加菜

紅燒肉丼

在白飯放上紅燒肉，淋上醬汁，就可以變身為紅燒肉丼！加上白煮蛋也很好吃！

無敵人氣菜色10道

零失敗
黃金培根蛋麵

材料（1人份）

- 義大利麵⋯⋯100g
- 培根⋯⋯20g

調味料

- 黑胡椒⋯⋯喜好的量

義大利麵醬材料

- 雞蛋⋯⋯1顆
- 牛奶⋯⋯1大匙
- 雞湯粉⋯⋯1小匙
- 起司粉⋯⋯1大匙
- 軟管裝大蒜泥⋯⋯2cm

推薦配料

- 起司粉
- 義大利巴西里

1
培根切成一口大小，和義大利麵醬的材料一起放入容器攪拌。

2
將1倒入未開火的平底鍋。開始煮義大利麵。

3
將煮好的義大利麵放入平底鍋，以小火迅速攪拌至濃稠狀。

裝盤，撒上2～3下的黑胡椒完成。

小火

順手加菜

培根炒菠菜

將多餘的培根用奶油和菠菜一同拌炒，就是一道小菜！

無敵人氣菜色10道

no. 

一口接一口！清爽燉雞翅

材料（2~3人份）

- 雞翅⋯⋯500g（約10支）

調味料

- 醬油⋯⋯50ml
- 醋⋯⋯50ml
- 味醂⋯⋯50ml

推薦配料

- 生薑
- 青蔥
- 溏心蛋

1
將所有的材料放入鍋中，開中火。

2
調味料沸騰後，蓋上蓋子，以小火燉煮即完成。

＊完全不需要任何技巧，便可完成美味的雞翅。

順手加菜

沾麵

將剩下的醬汁加入水150ml、軟管裝大蒜3cm、芝麻油1小匙、和風高湯粉1小匙一起煮，就可以變身為沾麵的醬汁！

無敵人氣菜色10道

no. 4

辛辣風味挑逗味蕾！

泡菜豬肉炒烏龍

材料（1人份）

- 冷凍烏龍麵……1球
- 豬五花肉片……70g
- 韓式泡菜……50g
- 蛋黃……1顆

調味料

- 麵味露……1大匙

炒麵用

- 芝麻油……1大匙

推薦配料

- 青蔥

1

將冷凍烏龍麵以微波爐加熱4分10秒。

2

豬五花肉片切成一口大小，加上芝麻油和泡菜用中火拌炒。

平底鍋熱油

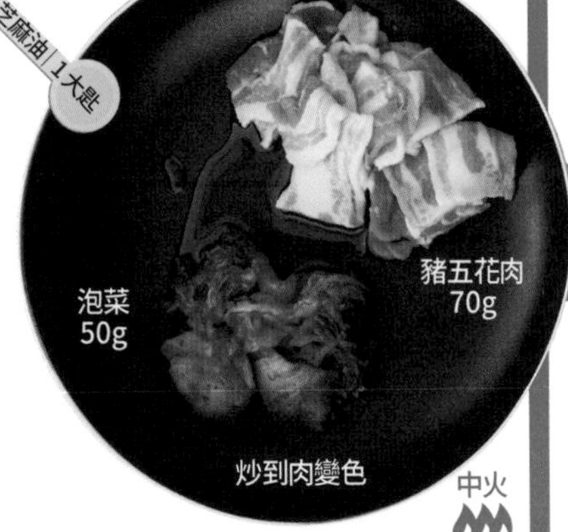

3

加入烏龍麵、麵味露拌炒均勻即完成。

裝盤後放上蛋黃。

順手加菜

泡菜蛋花湯

將剩下的泡菜加水200ml、和風高湯粉1/2小匙一起煮滾，倒入蛋液，即可完成一道泡菜蛋花湯！

＊冷凍烏龍麵的解凍時間，4分10秒是最不會出錯的，請以此為參考值。這個時間可以讓烏龍麵完全解凍，又不會過熱，恰到好處。

無敵人氣菜色10道

no. 5

簡餐風
照燒蛋雞肉丼

材料（1人份）

- 切塊雞腿肉……150～200g
- 白飯……150g

調味料

- 醬油……2大匙
- 酒……2大匙
- 砂糖……1大匙

炒菜用

- 沙拉油……1大匙

推薦配料

- 溏心蛋
- 萵苣
- 小番茄

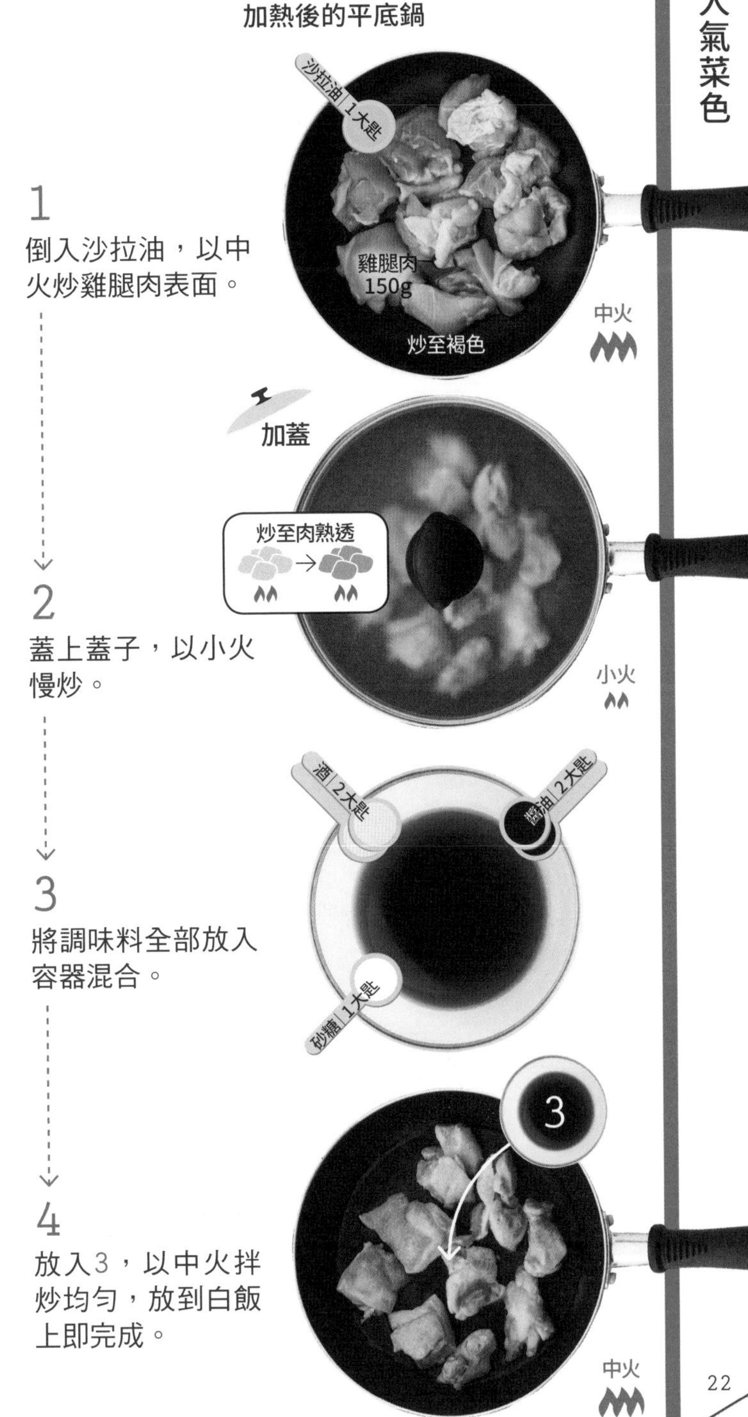

1

倒入沙拉油，以中火炒雞腿肉表面。

2

蓋上蓋子，以小火慢炒。

3

將調味料全部放入容器混合。

4

放入3，以中火拌炒均勻，放到白飯上即完成。

順手加菜

串燒雞肉丼風

煎肉的時候加上長蔥一起煎，配上煎得柔軟的長蔥，就像雞肉丼一樣，非常好吃！

無敵人氣菜色10道

no. 6

美味非比尋常的
青椒魩仔魚

材料（1~2人份）

- 青椒……5顆
- 魩仔魚……30g

調味料

- 醬油……1小匙
- 味醂……1小匙
- 和風高湯粉……1/2小匙

炒菜用

- 芝麻油……1小匙

推薦配料

- 炒白芝麻

1
青椒切細絲。

2
倒入芝麻油，放入青椒和魩仔魚，以中火拌炒。

平底鍋熱油

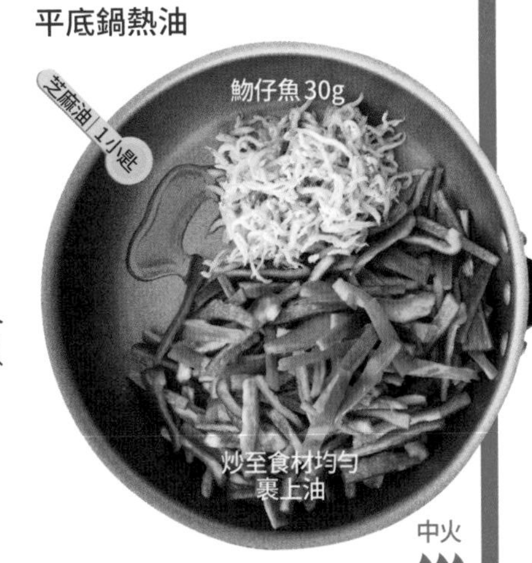

3
加入所有的調味料，拌勻即完成。

順手加菜

柚子醋拌青蔥魩仔魚

將剩下的魩仔魚加上蔥花及柚子醋醬油拌勻，就完成一道小菜！

無敵人氣菜色10道

務必要嘗試一次的美味
黃蘿蔔炒飯

材料(1人份)

- 小熱狗⋯⋯3條(50g)
- 雞蛋⋯⋯1顆
- 熱飯⋯⋯200g(約1大碗)
- 黃蘿蔔⋯⋯5片(70g)

調味料

- 胡椒鹽⋯⋯撒2～3下的量
- 醬油⋯⋯1小匙
- 芝麻油⋯⋯1小匙

炒菜用

- 芝麻油⋯⋯1大匙

推薦配料

- 香菜
- 炒白芝麻
- 紅辣椒

1

黃蘿蔔大略切碎，小熱狗切段。雞蛋先攪拌好。

2

倒入芝麻油，以中火炒黃蘿蔔和小熱狗。

3

旋轉倒入蛋液，放入白飯，以大火拌炒。

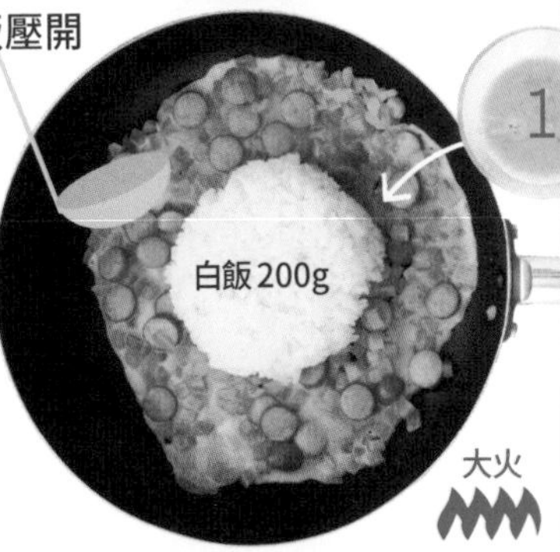

4

加入胡椒鹽、醬油、芝麻油，炒約20秒即完成。

＊只要是有鹹味的肉類，培根、火腿或叉燒肉都可以。

順手加菜

黃蘿蔔飯糰

將剩下的黃蘿蔔切碎，和柴魚一起捏成飯糰，非常美味！

無敵人氣菜色10道

溫和卻餘味不絕的辣勁！

擔擔涼麵

材料(1人份)

- 油麵(泡麵也可)……1球
- 絞肉……100g
- 牛奶(冰)……350ml

調味料

- 味噌……1大匙
- 麵味露……70ml
- 辣油……1小匙

炒菜用

- 芝麻油……1大匙

推薦配料

- 青蔥
- 炒白芝麻

芝麻油 1大匙
絞肉100g
炒到肉變色
中火

1
倒入芝麻油，以中火炒絞肉。

味噌 1大匙
中火

2
加入味噌拌炒，均勻混合後便熄火。

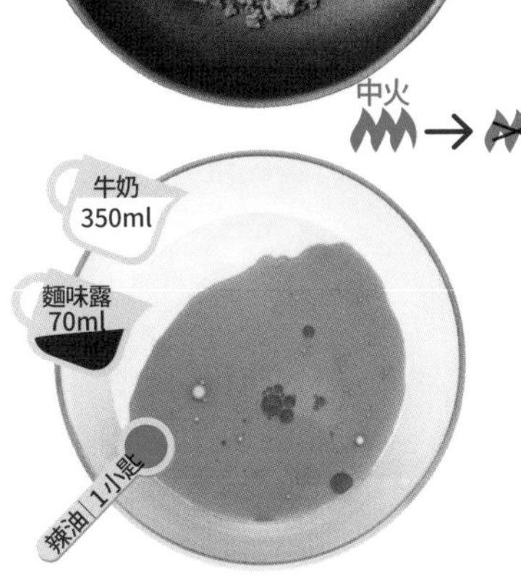

3
將牛奶、麵味露、辣油倒入容器拌勻。

4
將油麵煮熟撈起，用冰水沖過後瀝去水分。

將麵和湯一起盛入容器，淋上絞肉味噌即完成。

變化食譜

用豆漿取代牛奶，會更加濃郁美味！

無敵人氣菜色10道

no. 9

想要天天光顧的居酒屋味道！

極品鹽味炸雞

材料（1~2人份）

- 切塊雞腿肉……250g

調味料

☆軟管裝大蒜泥……2cm
☆醋……1大匙
☆酒……1小匙
☆和風高湯粉……1小匙
☆鹽……1/2小匙
◇太白粉……3大匙
◇胡椒鹽……1/2小匙

炸雞用

- 沙拉油……平底鍋2cm高的量

推薦配料

- 檸檬
- 巴西里

大蒜 2cm
酒 1小匙
高湯粉 1小匙
鹽 ½小匙
醋 1大匙
雞腿肉250g
10分

1
將雞肉與☆放入容器中混合，醃漬10分鐘。

放入夾鍊袋

太白粉 3大匙
胡椒鹽 1/2小匙

2
將混合的◇及1的雞肉放入夾鍊袋裡搓揉。

平底鍋熱油
（滴入麵糊會浮起來的溫度）

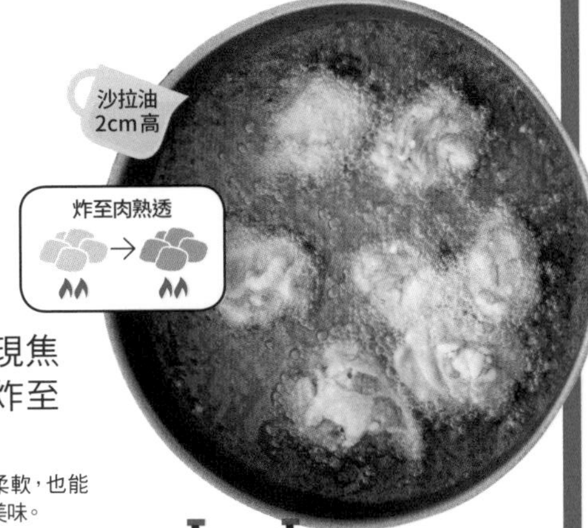

3
以中火炸至呈現焦色，再轉小火炸至熟透即完成。

＊加入醋可以讓肉質更柔軟，也能為味道畫龍點睛，更為美味。

5~7分 中火→小火

順手加菜

美乃滋炸雞吐司

將剩下的炸雞切片，放在吐司上，淋上美乃滋，放進小烤箱烤，美味無比喔！

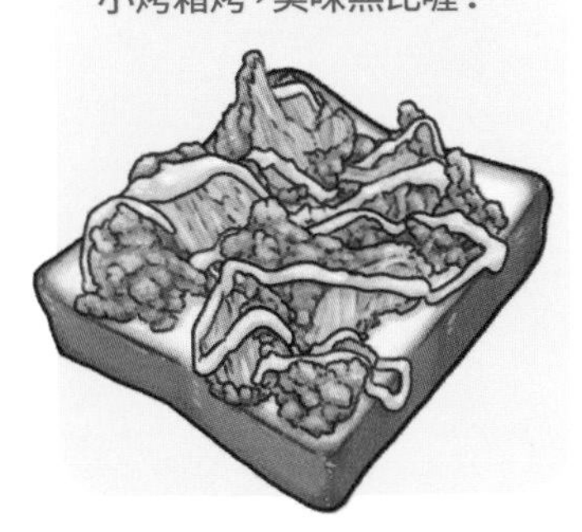

無敵人氣菜色 10 道

no. 10

忙碌的早晨也能秒速完成！

簡易法國吐司

材料(直徑12cm的耐熱容器1個份)

- 雞蛋⋯⋯1顆
- 牛奶⋯⋯100ml
- 吐司約1.5cm厚⋯⋯2片

調味料

- 砂糖⋯⋯2大匙

推薦配料

- 楓糖
- 細葉香芹
- 糖粉

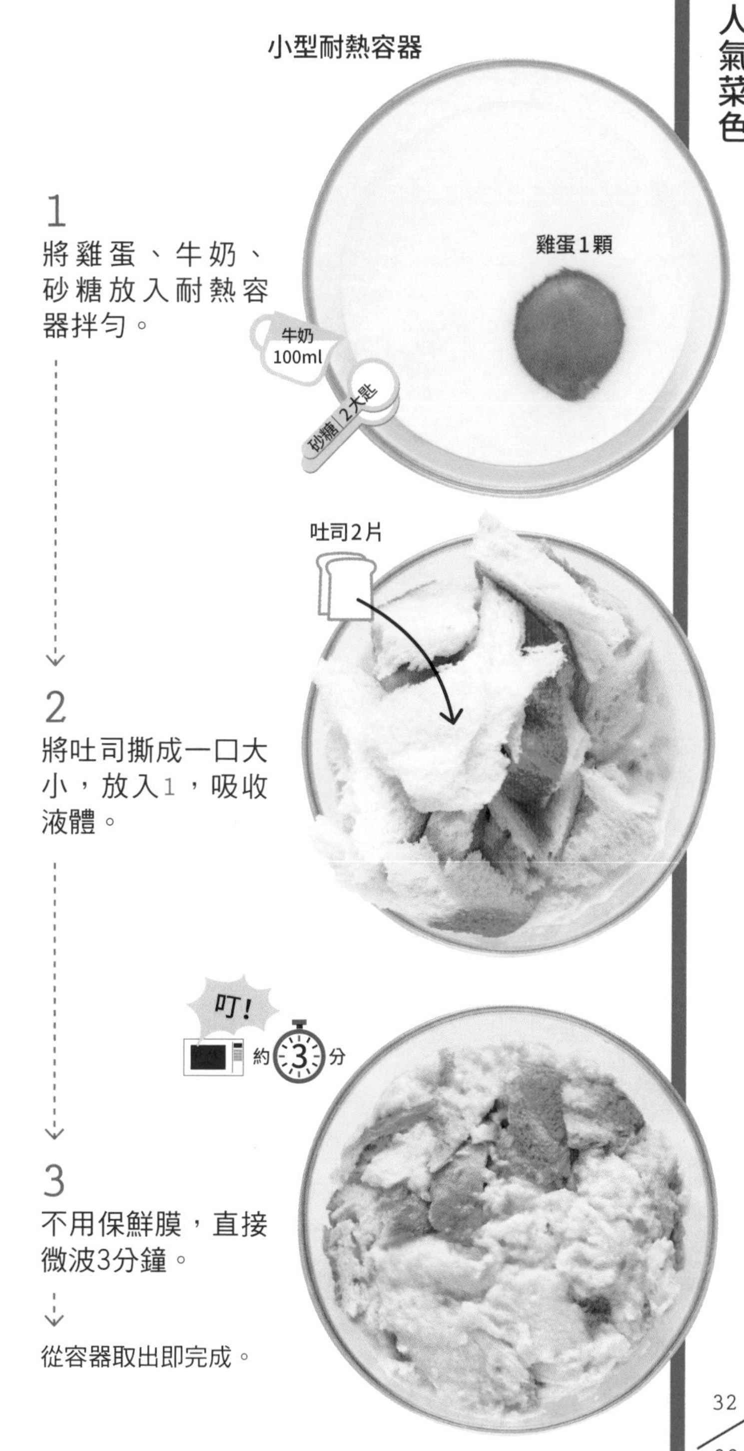

1
將雞蛋、牛奶、砂糖放入耐熱容器拌勻。

2
將吐司撕成一口大小，放入1，吸收液體。

3
不用保鮮膜，直接微波3分鐘。

從容器取出即完成。

順手加菜

簡餐風！
鹽味法國吐司

以鹽巴1/2小匙取代砂糖，加上培根蛋，就變身為一道簡餐！

＊請使用耐熱的小碗或較大的馬克杯做做看。

極速
佐酒小菜

以「最小的勞力」獲得「最大的美味」——
我認為「佐酒小菜」就是這樣的料理。
佐酒小菜一般都是精美地盛裝在小缽裡，看起來似乎需要非凡的廚藝。
但其實佐酒小菜才是兼具「簡單、迅速、美味」的料理。
本章介紹看起來很道地，但其實「只要拌勻醬汁淋上去就好」、
「把材料裝進袋子裡搓揉就好」的超簡單佐酒小菜食譜。

佐酒小菜

no. 1

極品！起司加上美乃滋

濃厚酪梨燒

順手加菜

在酪梨去籽後的凹槽裡填入切對半的小番茄，酸味會讓酪梨變得更加美味！

材料（1人份）

- 酪梨……1顆

調味料

- 披薩起司……喜好的量（約40g）
- 美乃滋……喜好的量（約10g）

推薦配料

- 黑胡椒
- 義大利巴西里

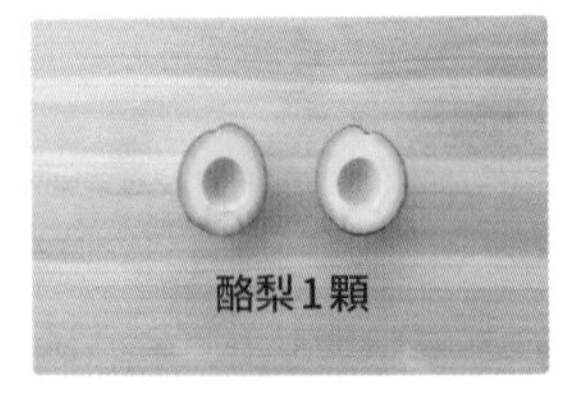

1

酪梨切對半，去掉種子。

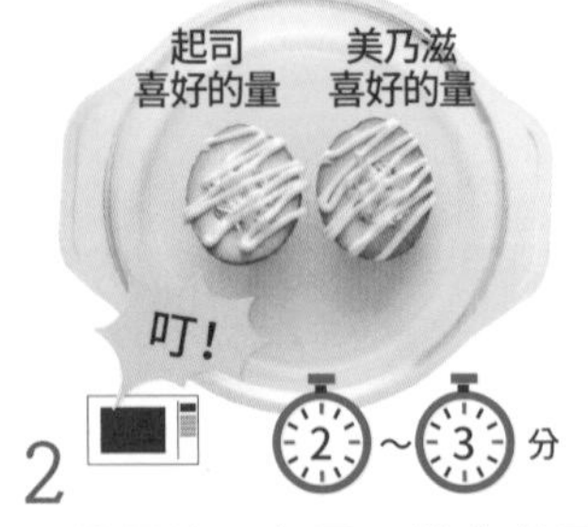

2

凹槽裡填入起司，淋上美乃滋，放進微波爐加熱便完成。

佐酒小菜

no. 2

大蒜醬油香味誘人

正宗鮪魚肉膾

材料（1人份）

- 生魚片用鮪魚……100g
- 蛋黃……1顆

調味料

- 軟管裝大蒜泥……2cm
- 醬油……1小匙
- 芝麻油……1小匙

推薦配料

- 青蔥
- 炒白芝麻

1
用菜刀拍打鮪魚肉。

2
將1與調味料全部混合，中間放上蛋黃即完成。

順手加菜

酒後的肉膾生蛋拌飯

將肉膾放在生蛋拌飯上，就可以完成一道喝完酒後收尾的肉膾生蛋拌飯！

佐酒小菜

no. 3

超簡單！麵味露加辣油

辛辣涼豆腐

材料（1～2人份）

- 豆腐⋯⋯半塊

調味料

- 麵味露⋯⋯1大匙
- 芝麻油⋯⋯1大匙
- 辣油⋯⋯1小匙

推薦配料

- 青蔥
- 炒白芝麻

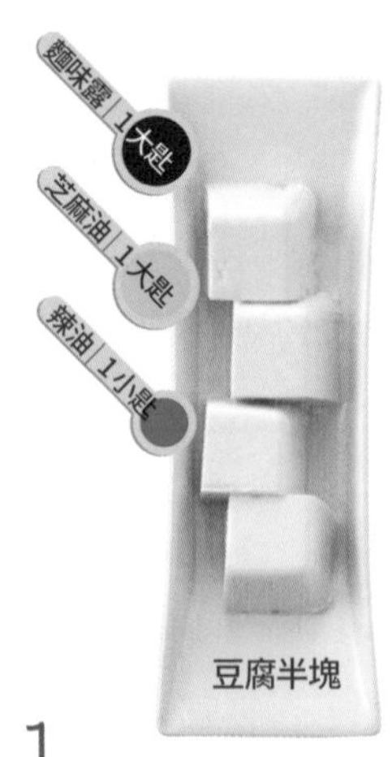

1

將豆腐盛至盤子上，調味料全部拌勻後淋上去即完成。

順手加菜

起司豆腐

豆腐放上一片起司片加熱至融化，就是一道西式佐酒小菜！

佐酒小菜

no. 4

1分鐘完成的經典佐酒小菜
味噌醋拌章魚小黃瓜

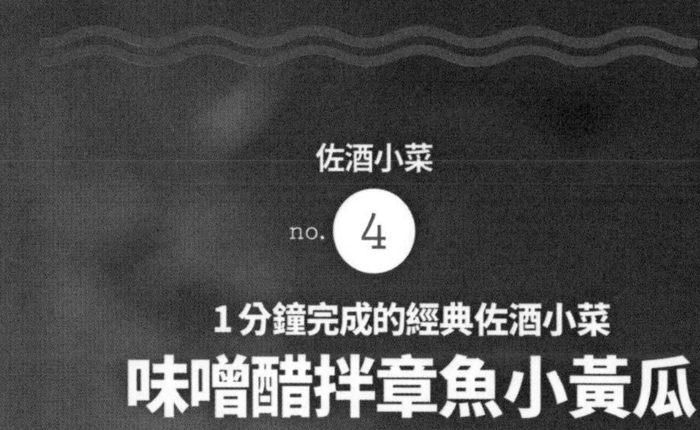

材料（2～3人份）

- 生魚片用章魚……100g
- 小黃瓜……1條

調味料

- 醋……2大匙
- 味噌……2大匙
- 砂糖……2大匙
- 軟管裝黃芥末……1小匙

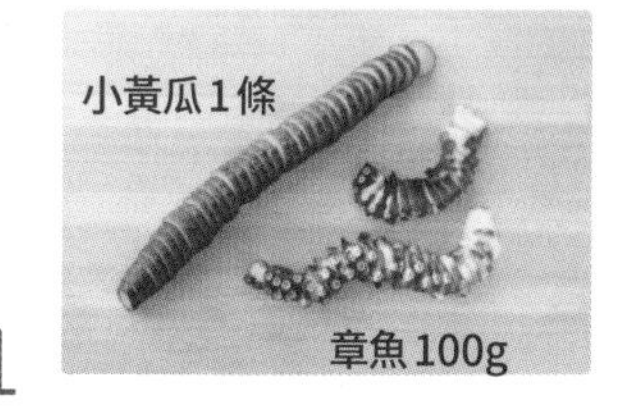

1
章魚和小黃瓜切圓片。

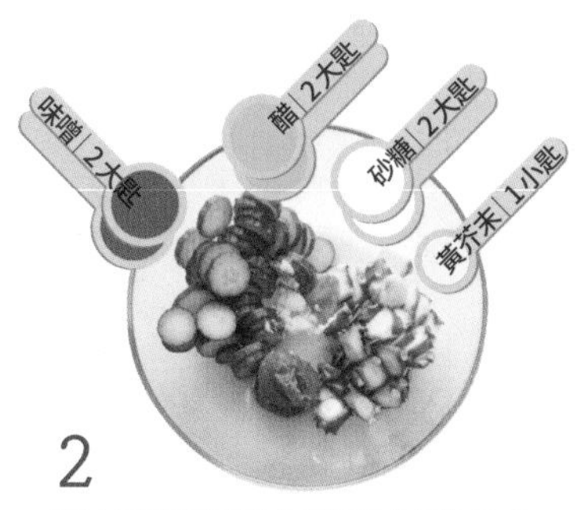

2
將1與調味料全部混合即完成。

順手加菜

如果沒有章魚，以海帶取代，和長蔥、味噌及醋一起拌勻，也非常美味！

佐酒小菜

no. 5

涼感上癮
番茄冷盤

材料（2～3人份）

- 番茄……2顆
- 洋蔥……1/4顆

調味料

- 軟管裝大蒜泥……2cm
- 橄欖油……2大匙
- 柚子醋醬油……1大匙
- 胡椒鹽……撒2下的量

推薦配料

- 義大利巴西里

1

番茄切片。

2

洋蔥切碎末。

3

將洋蔥和調味料全部混合，淋在番茄上即完成。

＊柚子醋的酸味與大蒜絕妙地融為一體！

順手加菜

披薩吐司

將涼拌番茄和起司片放到吐司上一起烤，就可以做出披薩吐司！

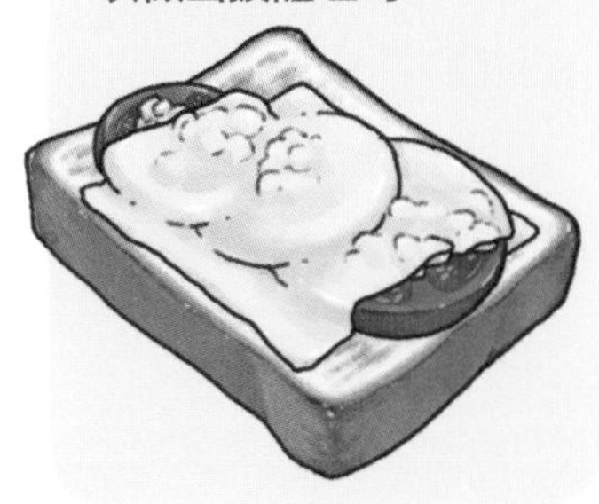

佐酒小菜

no. 6

溫柔的辣味

上癮泡菜涼豆腐

順手加菜

泡菜豆腐排

將豆腐煎出焦色，做成豆腐排也一樣好吃！

材料(1人份)

- 豆腐……半塊
- 泡菜……2大匙

調味料

- 鹽昆布……1小撮(約5g)
- 芝麻油……1大匙

推薦配料

- 炒白芝麻

1

依豆腐、泡菜的順序盛入盤中。

2

放上鹽昆布，淋上芝麻油即完成。

＊將放上豆腐的泡菜大略切過，會更容易食用，更像佐酒小菜！

佐酒小菜

no. 7

仿油炸煎茄子

順手加菜

清爽煎茄子

以柚子醋醬油取代麵味露，就可以變成清爽風味。

材料(1～2人份)

- 茄子……2條

調味料
- 軟管裝生薑泥……2cm
- 麵味露……40ml
- 水……1大匙

炒菜用
- 沙拉油……1大匙

推薦配料
- 青蔥
- 炒白芝麻

1

茄子切薄片。

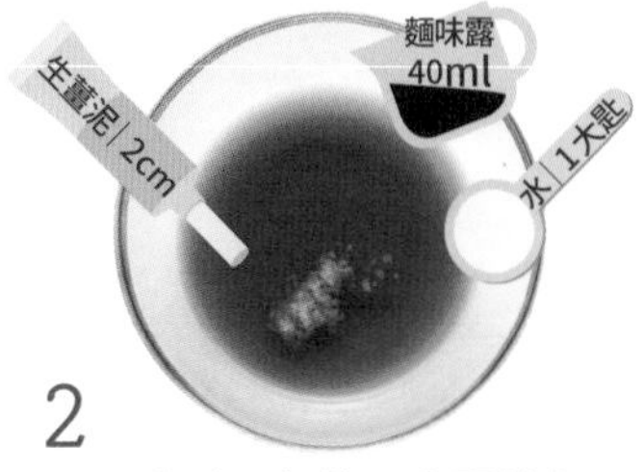

2

將調味料全部放入容器拌勻。

平底鍋熱油

3

倒入沙拉油，以中火煎茄子，盛盤後淋上2即完成。

佐酒小菜

no. 8

想要一直吃下去

無限高麗菜

材料（2～3人分）

- 豬五花肉片……80g
- 高麗菜……4～5片（100g）

調味料

- 醋……2小匙
- 醬油……2小匙
- 胡椒鹽……灑2下的量

推薦配料

- 紅辣椒
- 炒黑芝麻
- 黃芥末

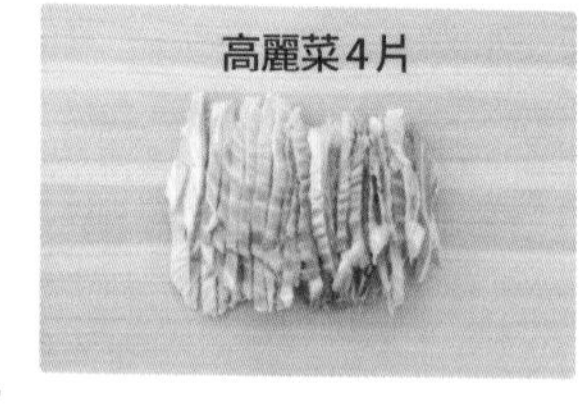

1

豬肉片切成4～5cm寬，高麗菜切絲。

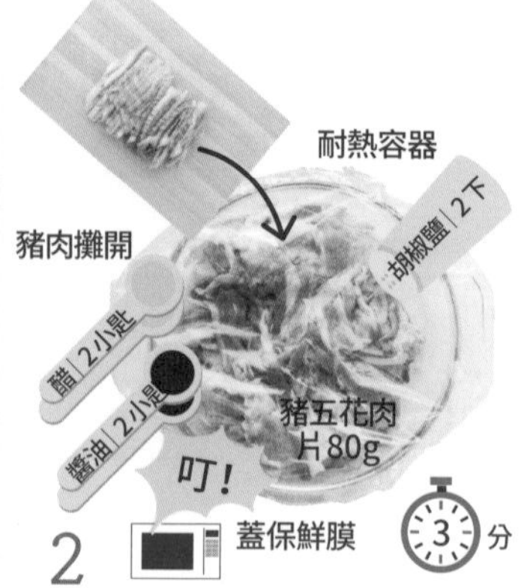

2 蓋保鮮膜 3分

依高麗菜、豬肉、醋、醬油、胡椒鹽的次序放入耐熱容器，以微波爐加熱3分鐘即完成。

＊如果豬肉仍呈現紅色，就繼續加熱

＊以豬切邊肉取代豬五花肉也可以！而且更便宜。

順手加菜

上癮鹽味高麗菜

將剩下的高麗菜葉3～4片，淋上混合的芝麻油1大匙、鹽巴1/2小匙、軟管裝大蒜泥2cm，生吃也很美味！

佐酒小菜

no. 9

塔塔醬拌酪梨

順手加菜

放上吐司做成開放式三明治或加以烘烤，都很美味！

材料（1~2人份）

- 酪梨……1顆
- 白煮蛋……1顆

調味料

- 美乃滋……3大匙
- 醋……1小匙
- 砂糖……1/2小匙
- 胡椒鹽……撒2下的量

推薦配料

- 巴西里

1
酪梨切成易食用的大小，白煮蛋切碎。

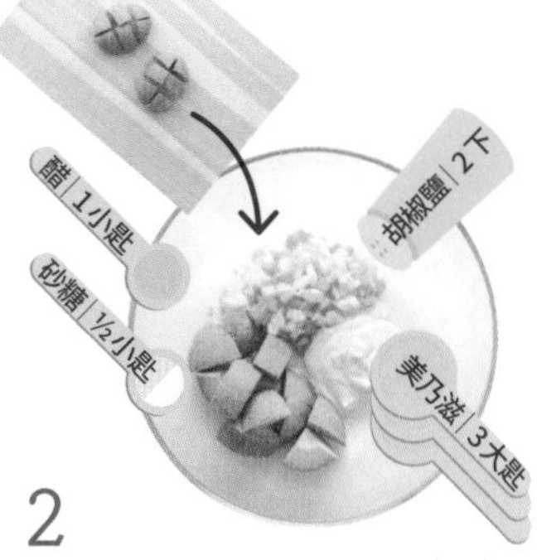

2
將酪梨、白煮蛋、調味料全部混合即完成。

佐酒小菜

no. 10

鹽昆布高湯香氣十足
和式蒜蝦

材料（1～2人份）

- 去殼蝦……100g
- 大蒜……1瓣
- 紅辣椒……1條

調味料

- 鹽昆布……1小撮（約5g）
- 醬油……1/2小匙
- 胡椒鹽……撒2～3下的量

炒菜用

- 橄欖油……100ml

1

大蒜和紅辣椒切片。

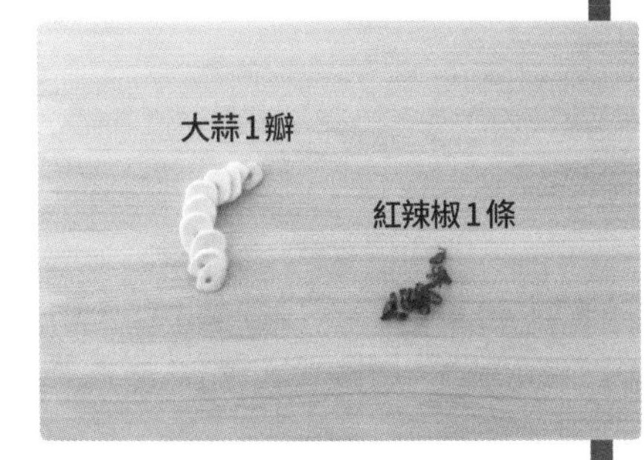

2

倒入橄欖油，炒大蒜和紅辣椒。

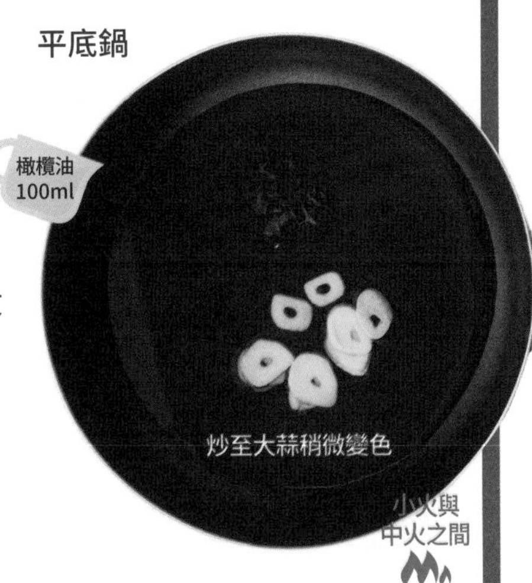

3

放入蝦子和全部的調味料，以小火拌勻即完成。

＊主食材是經常拿來撒在茶泡飯上的鹽昆布。以昆布和醬油做為調味料，便能在義大利料理中加入和風高湯滋味，享受到不同於一般西班牙蒜蝦的風味，宛如一道和風西班牙蒜蝦！

順手加菜

用魩仔魚取代蝦子，一樣美味！

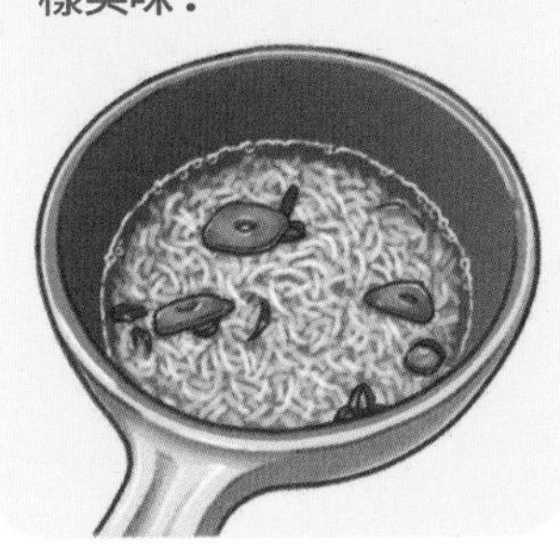

佐酒小菜

no. 11

淡淡醬油香

美乃滋起司馬鈴薯

材料(1人份)

- 馬鈴薯……1顆
- 披薩用起司……1小撮
(約20g)

調味料

- 美乃滋……1小匙
- 醬油……1小匙

推薦配料

- 巴西里

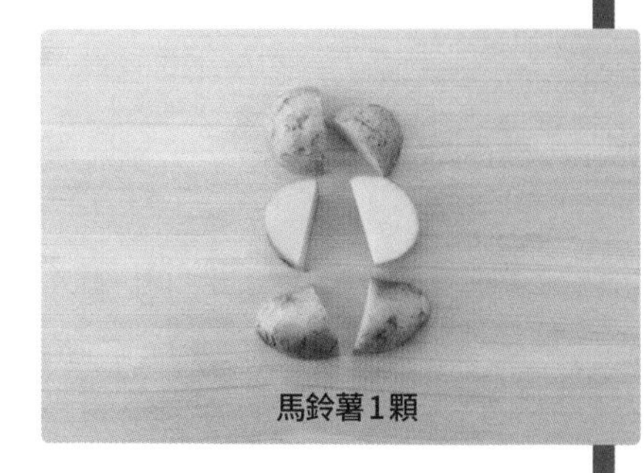

1
馬鈴薯洗乾淨，切成六等分。

耐熱容器

2
將1放入耐熱容器，用微波爐加熱4分鐘。

3
放入全部的調味料拌勻。

耐熱容器

4
盛盤，放上起司，以微波爐加熱1分鐘即完成。

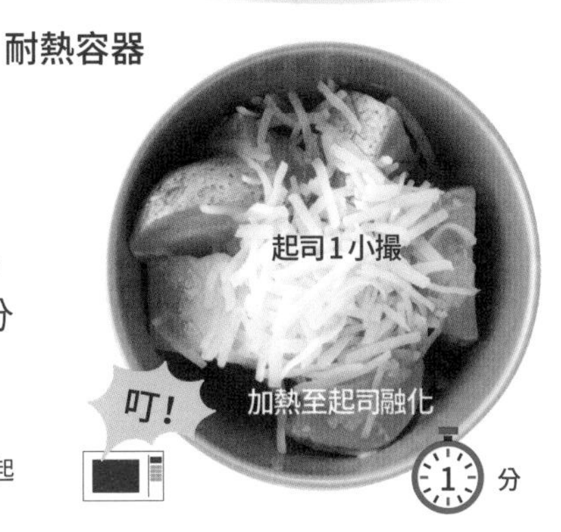

＊簡單到不行，但保證美味！
＊披薩用起司也可以用1片起司片取代。

順手加菜

速成德國炒馬鈴薯

加入培根，一起用微波爐加熱，就可變身為一道德國炒馬鈴薯！

佐酒小菜

no. 12

白飯與味噌湯的最佳拍檔

黃芥末小黃瓜

材料（4人份）

- 小黃瓜……4條

調味料

- 軟管裝黃芥末……10～ 15cm
- 鹽……20g
- 砂糖……40g

推薦配料

- 紅辣椒

1
小黃瓜切成8等分。

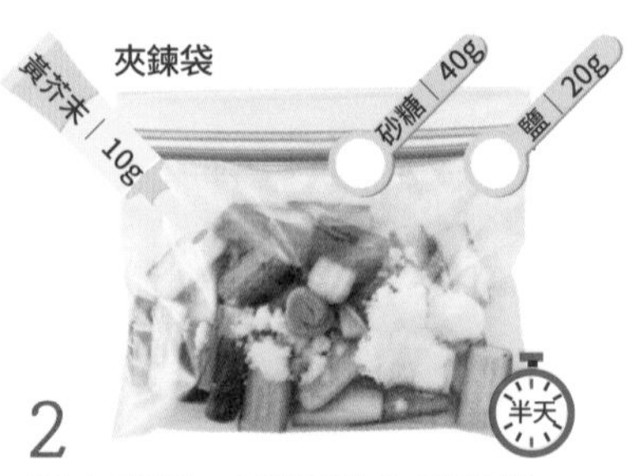

2
將小黃瓜、調味料全部放進夾鍊袋裡搓揉，擠出空氣，放入冰箱冷藏半天即完成。

順手加菜

用山葵取代黃芥末，一樣好吃！

＊喜歡吃辣的人，黃芥末可以增加到15g，不愛吃辣的建議用10g。
＊搓揉得愈仔細，會愈入味。

佐酒小菜

no. 13

秒速完成

泡菜章魚

順手加菜

濃郁美味！青紫蘇泡菜章魚

放上切絲的青紫蘇，再淋上芝麻油，可以讓滋味更上一層樓！

材料（1人份）

- 生魚片用章魚……60g
- 泡菜……60g

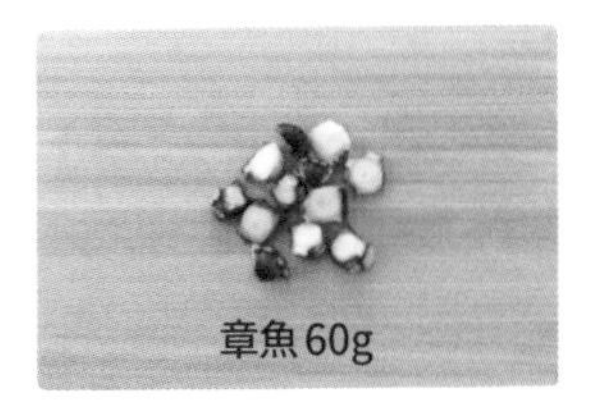

1

章魚切成一口大小。

2

把章魚和泡菜拌勻即完成。

佐酒小菜

微波爐叮一下！

味噌烤豆腐

材料（1人份）

- 豆腐……半塊

調味料

- 軟管裝黃芥末……2cm
- 砂糖……1大匙
- 味噌……1大匙
- 水……1小匙

推薦配料

- 青蔥

1
將調味料全部放入容器拌勻。

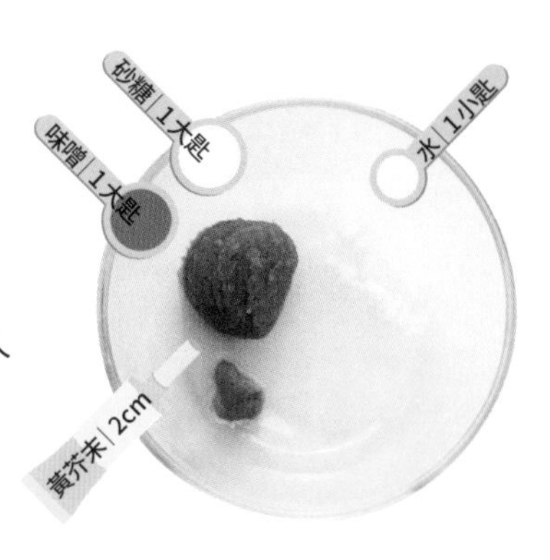

2
豆腐切成3等分，以微波爐加熱2分鐘。

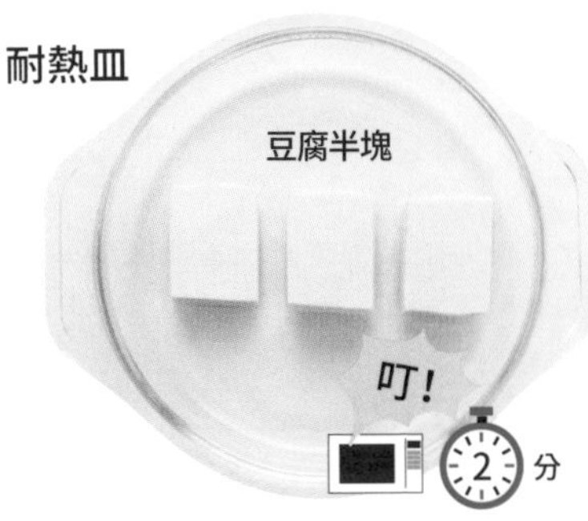

3
用廚房紙巾吸乾豆腐的出水。

4
將1抹上豆腐便完成。

＊用烤箱代替微波爐加熱，可以將豆腐烤得焦焦脆脆，更加美味！

順手加菜

速成湯豆腐小菜

將剩下的豆腐放入微波爐加熱，倒掉水分，放上柴魚、青蔥，淋上醬油，便是一道速成湯豆腐！

佐酒小菜

no. 15

香氣逼人

烤大蒜

材料（1～2人份）

大蒜……1整顆

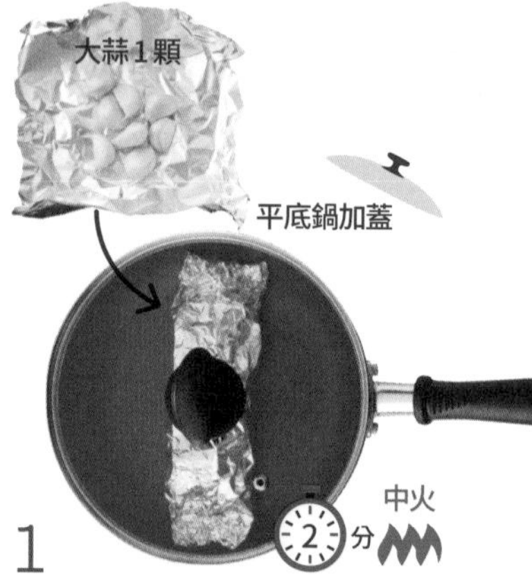

1
將大蒜剝成小瓣，用鋁箔紙包起來，以中火煎2分鐘。

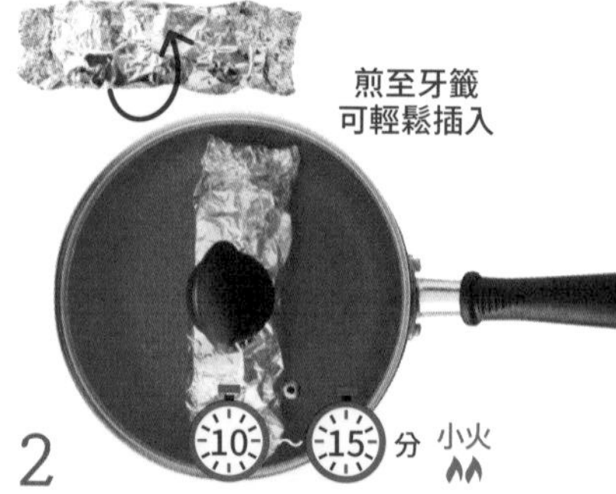

2
途中將鋁箔紙整個翻面，以小火續煎10～15分鐘。

3
取下鋁箔紙，剝掉大蒜皮即完成。

＊不剝皮直接煎大蒜，可以讓皮蒸熟大蒜，變得鬆軟可口！

順手加菜

奶油醬油香煎大蒜

大蒜即將烤好前，打開鋁箔紙，放入奶油和醬油，烤成金黃色，就變身為奶油醬油風味！

佐酒小菜

no. 16

小酒館風格佐酒菜！
蒜味麵包脆餅

順手加菜

用砂糖取代胡椒鹽和大蒜，
就是一道甜味小零嘴！

材料（1～2人份）

●吐司邊……1～2片份

調味料
●軟管裝大蒜泥……3cm
●胡椒鹽……撒1下的量

炒菜用
●橄欖油……3大匙

推薦配料
●巴西里

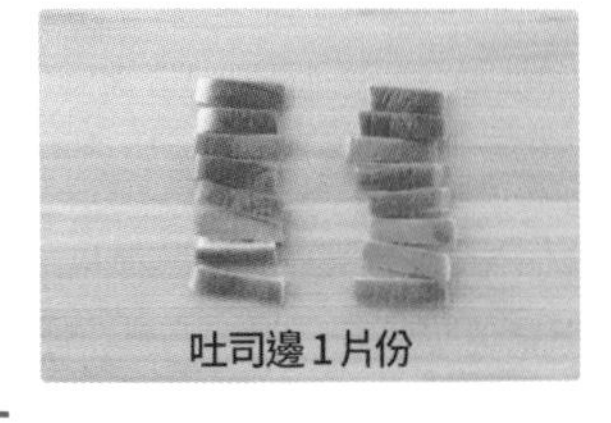

1
吐司邊切對半。

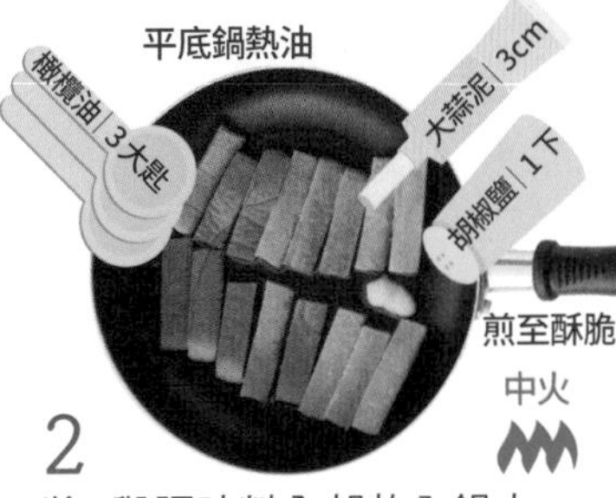

2
將1與調味料全部放入鍋中，以中火煎炒。

＊大蒜泥改用1瓣大蒜來做，便能呈現出炸大蒜片的風味，同時享受到大蒜的口感，若使用軟管裝大蒜泥來做，則是大蒜風味，美味可口！同時使用兩種也很棒！

佐酒小菜

百倍簡單！不用炸就能完成的極品

炸薯條

材料（1人份）

- 馬鈴薯……1顆

調味料

- 水……1大匙
- 胡椒鹽……1/2小匙

煎馬鈴薯用

- 橄欖油……1大匙

推薦配料

- 百里香

1

馬鈴薯洗乾淨，切成8等分。

2

將水和馬鈴薯放入耐熱容器，用微波爐加熱4分鐘。

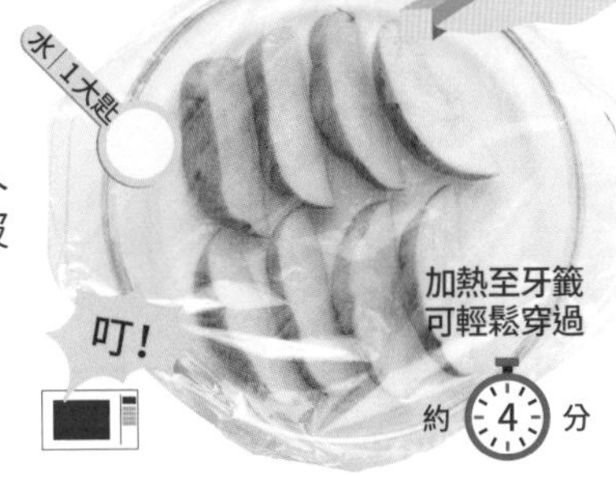

3

倒入橄欖油，以中火將馬鈴薯煎至金黃色。

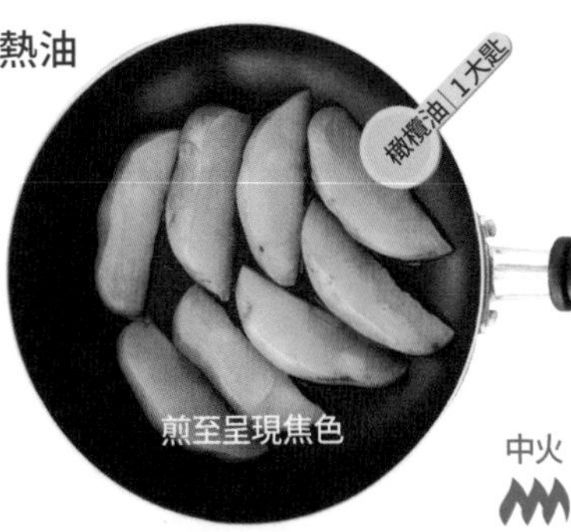

4

撒上胡椒鹽拌勻即完成。

＊馬鈴薯如果比較小顆，就使用2顆。

＊沾上混合番茄醬與美乃滋而成的金黃醬食用，美味更上一層樓！

順手加菜

不用炸的薯片

將馬鈴薯切成薄片，以微波爐加熱到沒有水分，撒上鹽巴，就是一道薯片！

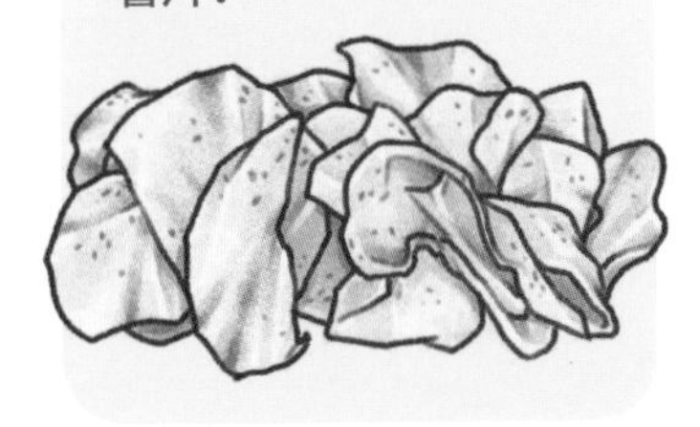

佐酒小菜

no. 18

拉麵店風特色小菜！
微辣美味雞肉叉燒

材料(2~3人份)

- 雞胸肉……1片
- 長蔥……1/2根

調味料

- 醬油……100ml
- 味醂……100ml
- 辣油……1小匙
- 胡椒鹽……撒2下的量

推薦配料

- 炒白芝麻

耐熱容器

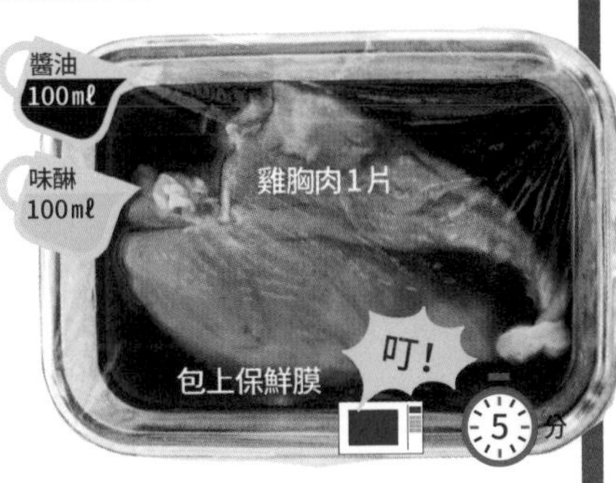

1
把雞肉、醬油、味醂放入耐熱容器，用微波爐加熱5分鐘。

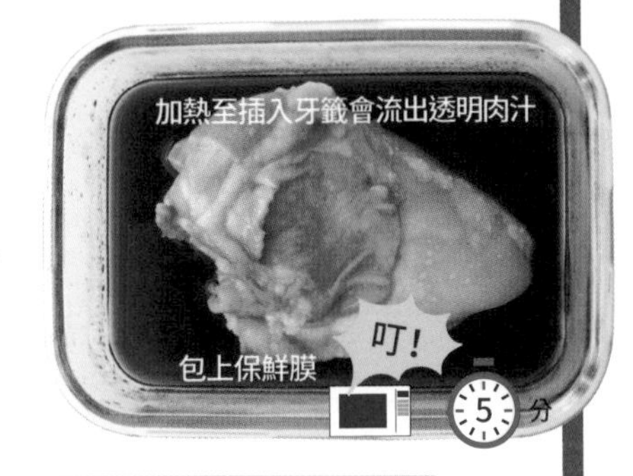

2
雞肉翻面，再加熱5分鐘。

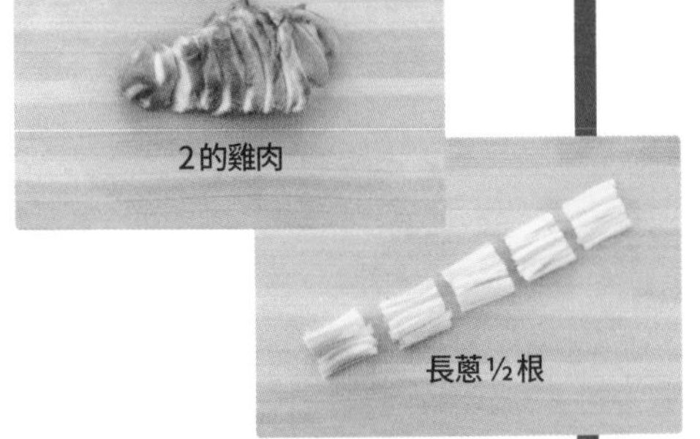

3
雞肉斜切成1口大小的片狀，長蔥切段。

4
雞肉、長蔥、辣油、胡椒鹽放入盤中拌勻即完成。

順手加菜

蔥雞叉燒炒飯

將剩下的蔥雞叉燒切成細末，和蛋液、胡椒鹽與白飯一起炒，就是一道蔥雞叉燒炒飯！

迷人的麵類

高CP值的義大利麵、快熟又飽足的萬能烏龍麵等等，
不管對任何人來說，麵類都是方便實用的食材。
本章將會介紹更進一步提升麵類美味的16道食譜。
一道麵點就可以做為一餐，這也是麵類的優勢。
兩三下就可以完成令人滿足的一餐，請務必一試！

麵類

no. 1

濃厚！
明太子奶油醬油烏龍麵

材料（1人份）

- 冷凍烏龍麵……1球
- 明太子……1/2～1副（1～2條）
- 牛奶……100ml

調味料

- 奶油……1小匙
- 醬油……1/2小匙

推薦配料

- 海苔絲

1
將所有的材料放入耐熱容器，以微波爐加熱。

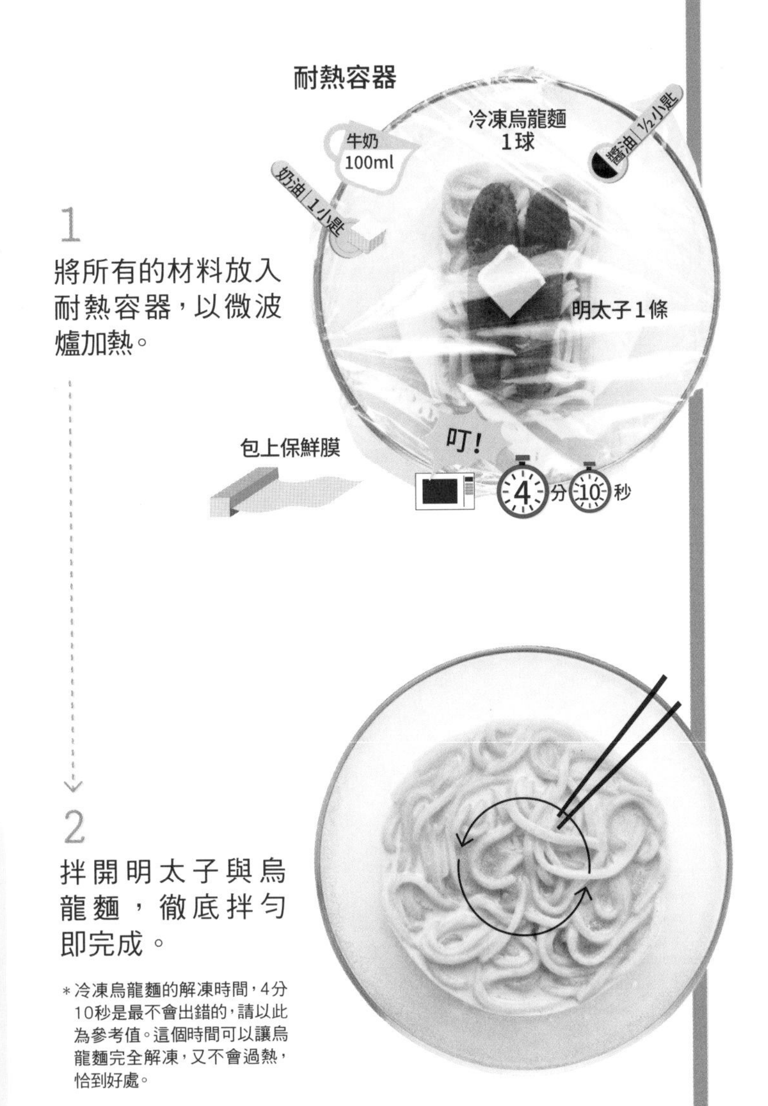

2
拌開明太子與烏龍麵，徹底拌勻即完成。

＊冷凍烏龍麵的解凍時間，4分10秒是最不會出錯的，請以此為參考值。這個時間可以讓烏龍麵完全解凍，又不會過熱，恰到好處。

順手加菜

酒後的明太子奶油燉飯

將剩餘的湯汁加入白飯、牛奶100ml、起司粉燉煮，就是一道適合酒後來上一碗的明太子奶油燉飯！

麵類

no. 2

令人上癮的和風滋味！

美乃滋醬油鹽昆布烏龍麵

材料(1人份)

- 冷凍烏龍麵⋯⋯1球

調味料

- 鹽昆布⋯⋯1小撮(約5g)
- 美乃滋⋯⋯1大匙
- 醬油⋯⋯1大匙
- 芝麻油⋯⋯1小匙

冷凍烏龍麵1球

1
冷凍烏龍麵用微波爐加熱。

叮!

容器

2
將烏龍麵與調味料全部拌勻即完成。

芝麻油 1小匙
醬油 1大匙
美乃滋 1大匙

順手加菜

青椒小菜

將剩下的鹽昆布和青椒絲一起用芝麻油炒,就可以順手做出一道小菜!

麵類

no. 3

海鮮與麵味露的雙重高湯！

簡易和風蛤蜊麵

材料(1人份)

- 義大利麵⋯⋯100g
- 大蒜⋯⋯1瓣
- 蛤蜊⋯⋯100g

調味料

- 酒⋯⋯150ml
- 麵味露⋯⋯1大匙
- 胡椒鹽⋯⋯撒2下的量

炒菜用

- 橄欖油⋯⋯1大匙

推薦配料

- 青蔥
- 炒白芝麻

變化食譜

以雞湯粉1小匙取代麵味露，就可以從和風變身為洋風蛤蜊麵！

1
大蒜切片，用中火炒。開始煮義大利麵。

2
將蛤蜊和酒放入平底鍋，用大火蒸。

3
將煮好的義大利麵、麵味露和胡椒鹽放入鍋中，以中火拌炒即完成。

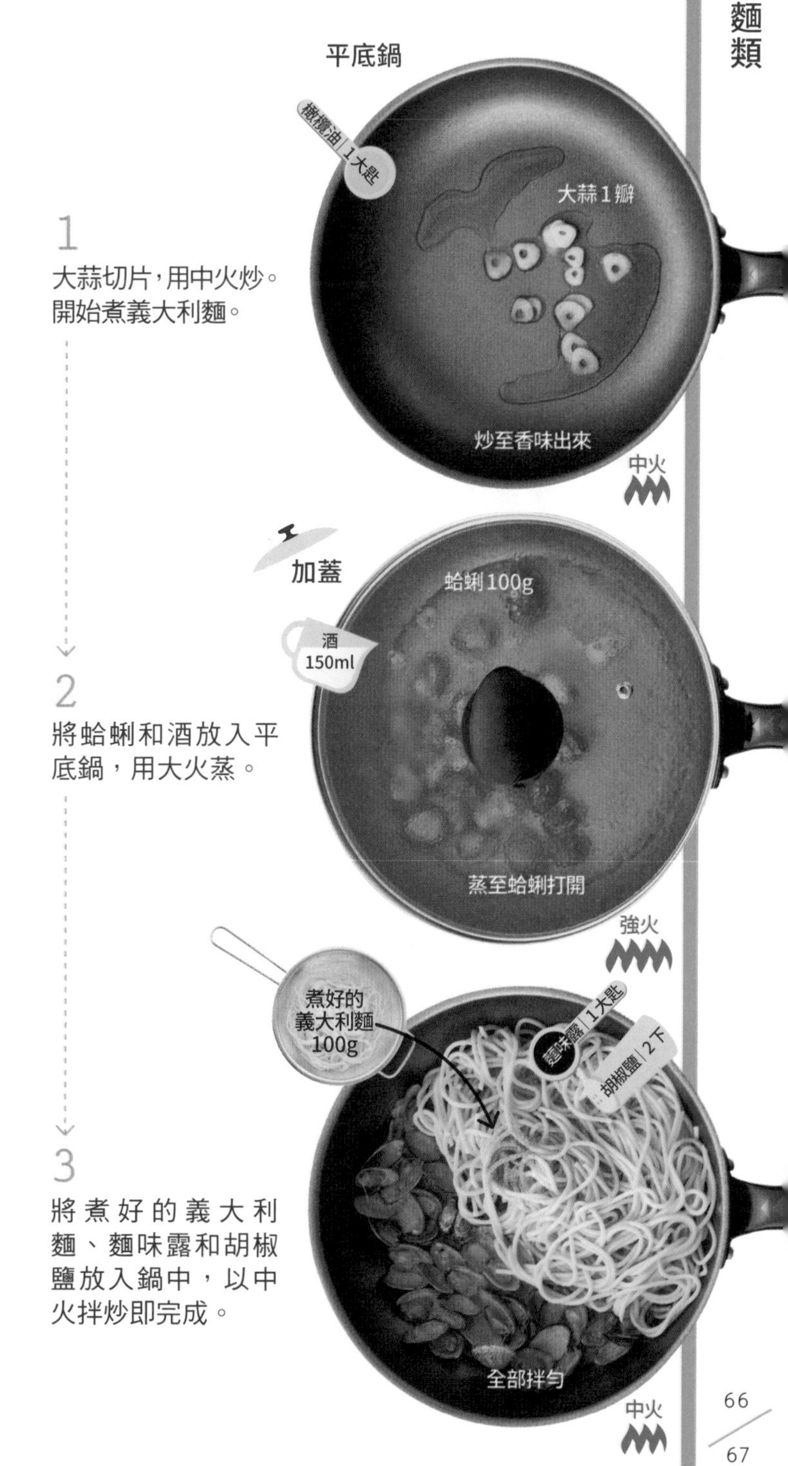

麵類

no. 4

做過200次的
番茄肉醬義大利麵

材料(1人份)

- 義大利麵……80g
- 絞肉……80g
- 洋蔥……1/2顆
- 大蒜……1瓣
- 切塊番茄罐頭……1/2罐

調味料

- 水……1大匙
- 酒……200ml
- 味醂……1小匙
- 雞湯粉……1小匙
- 胡椒鹽……撒2～3下的量
- 番茄醬……1大匙

炒菜用

- 橄欖油……1大匙

推薦配料

- 巴西里

順手加菜

簡單快速番茄湯

將剩下的番茄罐頭1/2罐加上洋蔥(切片)、水200ml、雞湯粉1小匙放入鍋中熬煮,就可立即完成一道番茄湯!

1

義大利麵對折泡水(水另外準備)。洋蔥切末,加水一起用微波爐加熱。

2

大蒜切末,和洋蔥、絞肉一起用中火炒。

3

放入酒、味醂,加蓋轉大火。

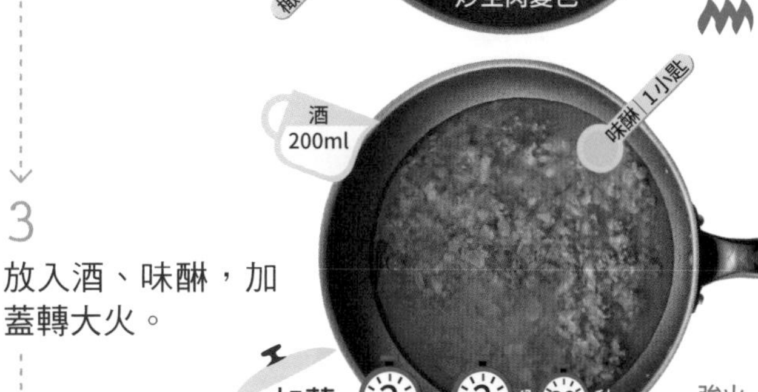

4

將瀝掉水分的義大利麵、番茄罐頭、雞湯粉放入一起煮,最後撒上胡椒鹽、拌入番茄醬便完成。

＊義大利麵先泡水1小時,就不用預先燙煮,完成後的口感也更Q彈!
＊在製作醬汁的過程中直接加入義大利麵一起煮,醬汁的味道便會滲透麵體,更加美味。
＊煮的過程中,請拿起蓋子攪拌,順便確定硬度。
＊番茄的酸味與番茄醬、味醂的甜味,可以讓味道變得更有層次。

麵類

no. 

我的蒜香辣椒義大利麵

材料（1人份）

- 義大利麵⋯⋯100g
- 大蒜⋯⋯1瓣
- 紅辣椒⋯⋯1條

調味料
- 鹽⋯⋯35g
- 水⋯⋯2l

炒菜用
- 橄欖油⋯⋯3大匙

推薦配料
- 胡椒
- 義大利巴西里

1
大蒜和紅辣椒切片。用水2l和鹽35g煮義大利麵。

2
倒入橄欖油，炒大蒜和紅辣椒。

3
倒入煮麵水，攪拌平底鍋內容物。

4
倒入煮好的義大利麵拌勻即完成。

＊用鹽水煮義大利麵時，建議比例為水2l對鹽35g。

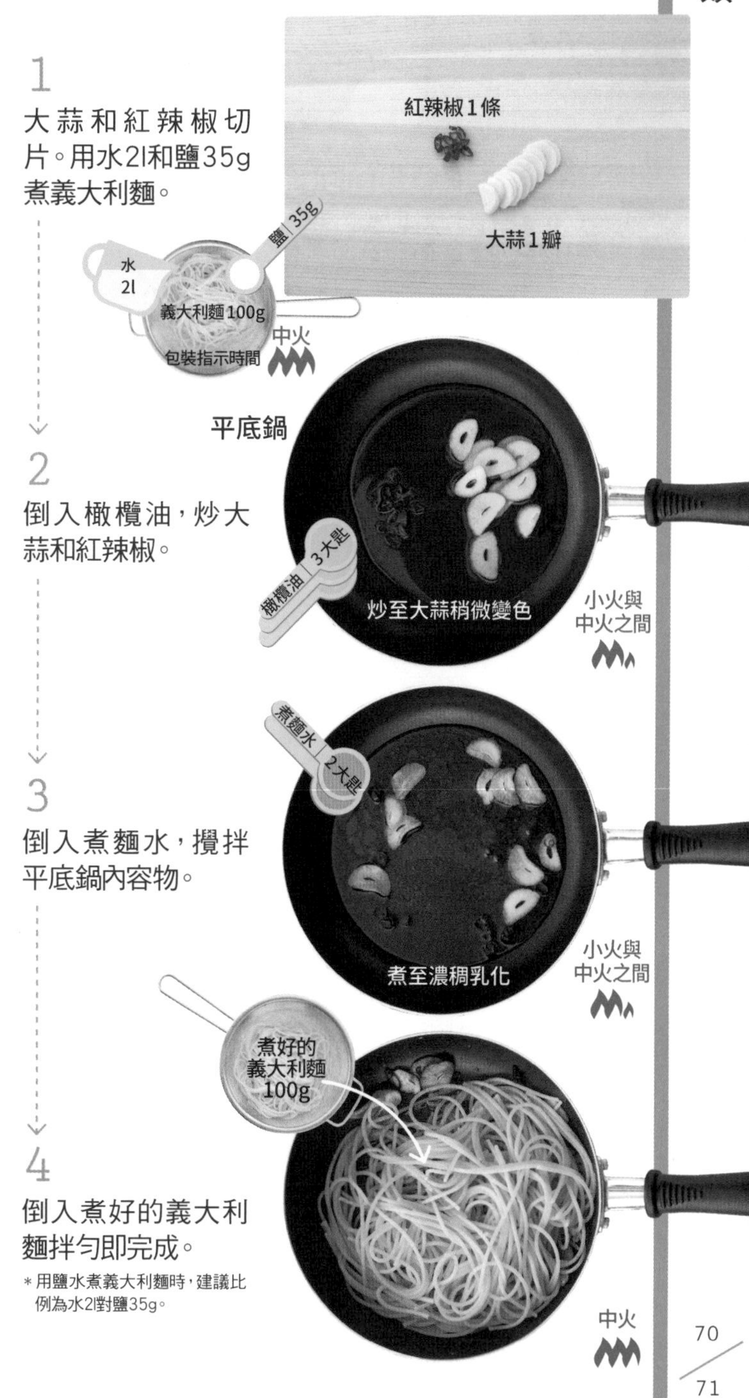

順手加菜

大蒜沾麵包

將剩下的蒜香辣椒義大利麵的醬汁拿來沾吐司或法國麵包，也非常美味喔！

麵類

no. 6

青紫蘇與起司粉的
簡易青醬義大利麵

順手加菜

用章魚或蝦子、煮熟的馬鈴薯取代義大利麵，與青醬拌在一起，也非常美味！

* 青紫蘇在超市購買，通常一袋有8～10片。
* 淋上1小匙的水，會更容易切碎！

材料（1人份）

- 義大利麵……100g
- 青紫蘇……1把

調味料

- 水……1小匙
- 起司粉……1大匙
- 胡椒鹽……撒3～5下的量
- 醬油……1/2小匙

炒料用

- 橄欖油……3大匙

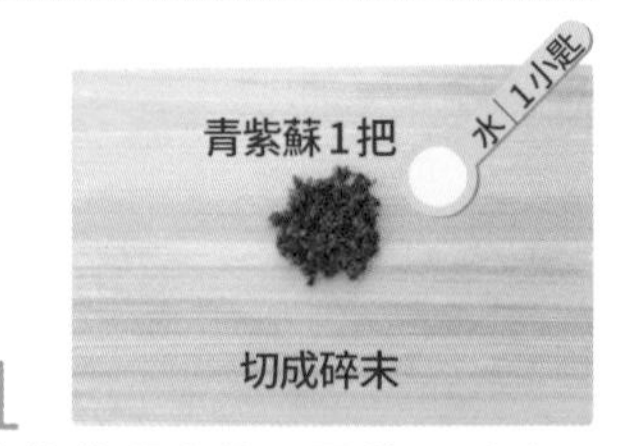

1
青紫蘇灑水後，用菜刀剁碎。開始煮義大利麵。

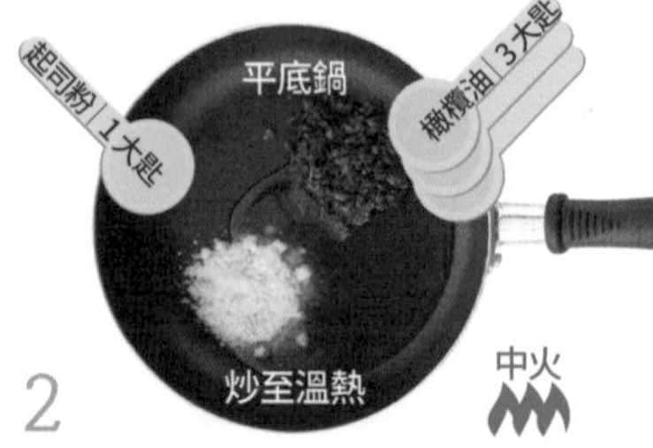

2
倒入橄欖油，以中火炒青紫蘇、起司粉。

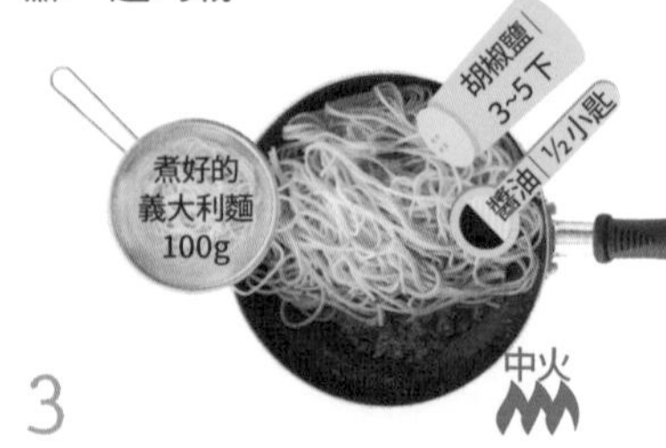

3
放入煮好的義大利麵、胡椒鹽、醬油，拌勻即完成。

麵類

no. 7

微波爐叮一下

日式拿坡里義大利麵

順手加菜

蛋包義大利麵

上面蓋上蛋皮，就變身為鬆軟可口的蛋包義大利麵！

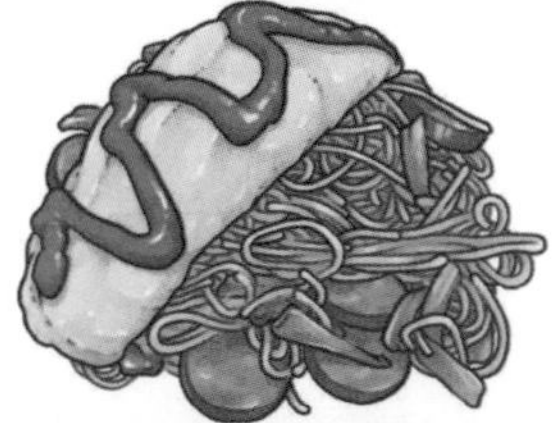

材料（1人份）

- ●義大利麵……80g
- ●熱狗……2條
- ●青椒……1顆

調味料

- ●水……200ml
- ☆雞湯粉……1小匙
- ☆番茄醬……3大匙
- ☆起司粉……1大匙

推薦配料

- ●起司粉
- ●巴西里

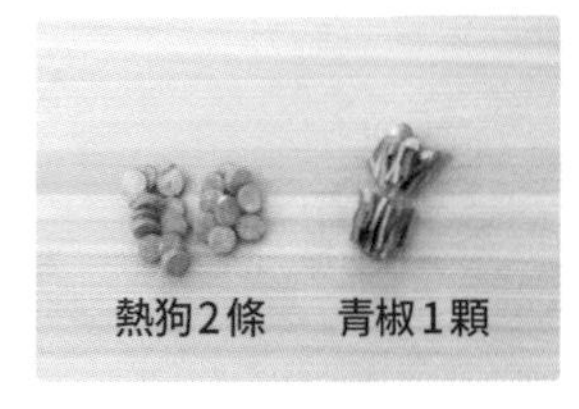

1
熱狗切圓片，青椒切細絲。

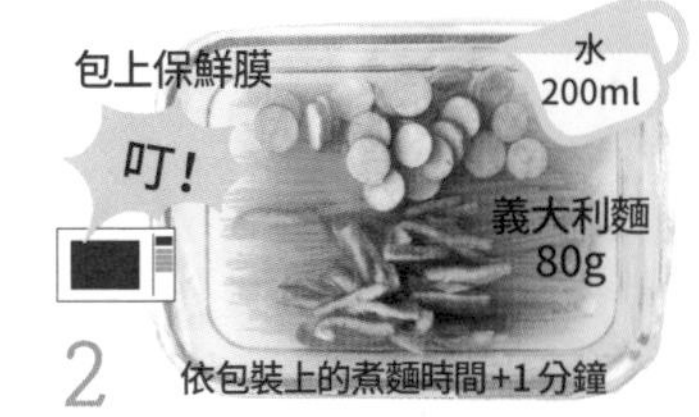

2
將對折的義大利麵、水、1放入耐熱容器，以微波爐加熱。

3
加入☆拌勻即完成。

麵類

no. 8

鹽昆布風味
極品和風培根蛋麵

材料(1人份)

- ●義大利麵……100g
- ●培根……20g
- ●大蒜……1瓣
- ●蛋黃……1顆

調味料

- ☆鹽昆布……1小撮(約5g)
- ☆牛奶……200ml
- ☆起司粉……1大匙
- ☆和風高湯粉……1小匙
- ●黑胡椒……撒2～3下的量

炒料用

- ●橄欖油……1大匙

推薦配料

- ●起司粉
- ●巴西里

1
大蒜切片，培根切成一口大小。

2
倒入橄欖油，以中火炒大蒜、培根。

3
放入☆，轉小火。開始煮義大利麵。

4
放入煮好的義大利麵，以中火拌勻。

盛盤後放上蛋黃，撒上黑胡椒即完成。

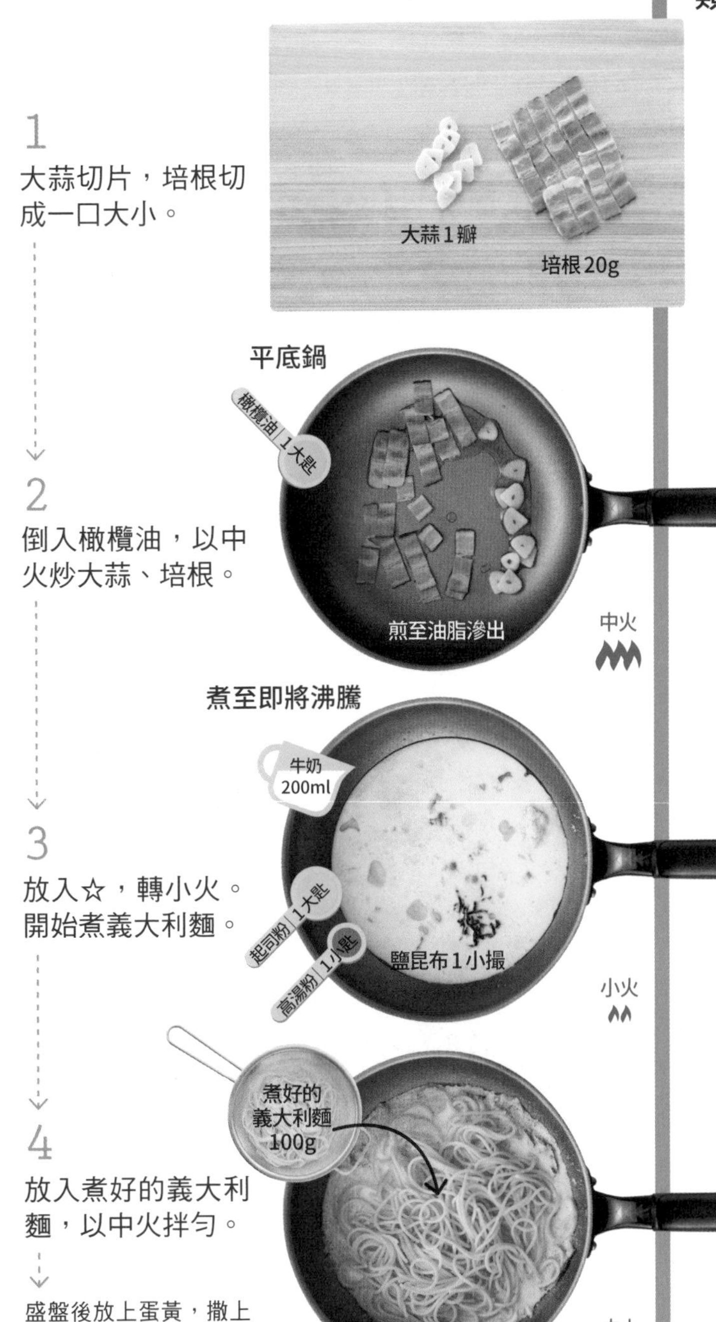

順手加菜

酥脆培根蛋(無蛋黃)小菜

將剩下的培根和蛋白一起煎熟，就是一道酥脆的培根蛋小菜！

麵類

no. 9

茄子與絞肉的奶油醬油義大利麵

順手加菜

生薑醬油淋茄子

如果有剩下的茄子，淋上1大匙的水，用微波爐加熱後，沾上生薑醬油食用也很美味喔！

材料（1人份）

- 義大利麵……100g
- 茄子……1小條
- 絞肉……80g

調味料

- 奶油……1大匙
- 醬油……1大匙

炒料用

- 奶油……1大匙

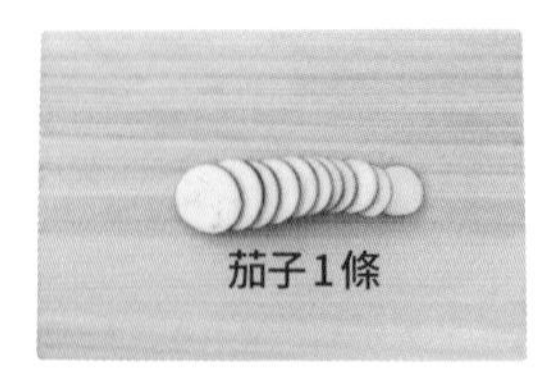

1

茄子切成一口大小。開始煮義大利麵。

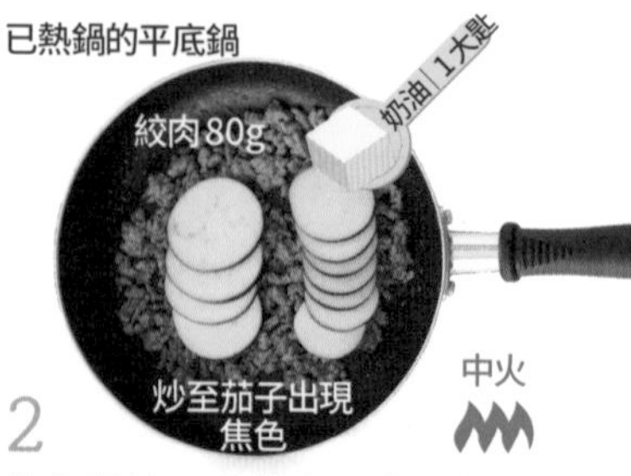

2

放入奶油，依絞肉→茄子的順序放入鍋中，以中火炒。

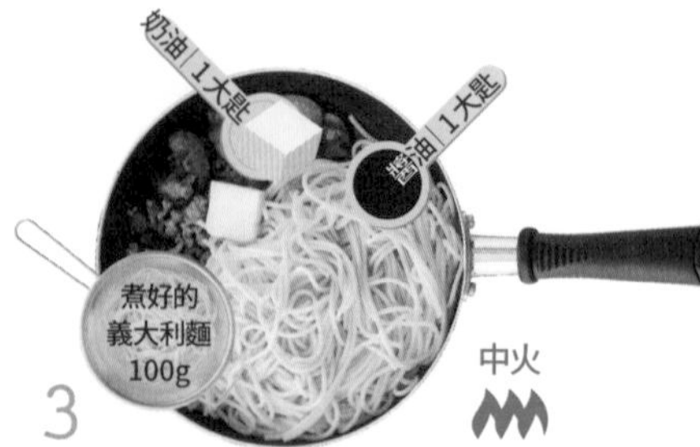

3

放入煮好的義大利麵、醬油、奶油，拌勻即完成。

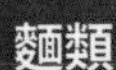

麵類

no. 10

明太子的鹹味與奶油相得益彰

明太子奶油義大利麵

順手加菜

明太子奶油飯糰

將明太子和美乃滋混合做成飯糰餡，也非常美味喔！

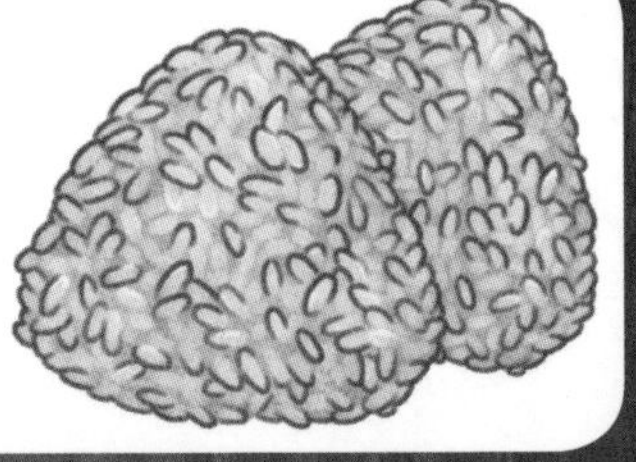

材料（1人份）

- ●義大利麵……100g
- ●明太子……1/2～1副（1～2條）
- ●牛奶……100ml

調味料

- ●美乃滋……1小匙
- ●奶油……1小匙
- ●麵味露……1大匙

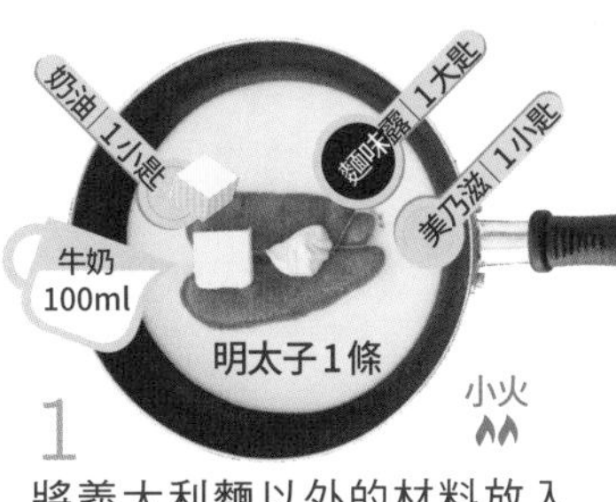

1 將義大利麵以外的材料放入鍋中，以小火燉煮。

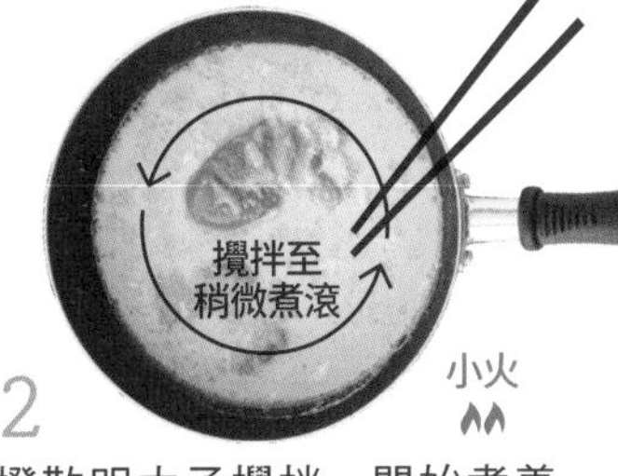

2 撥散明太子攪拌。開始煮義大利麵。

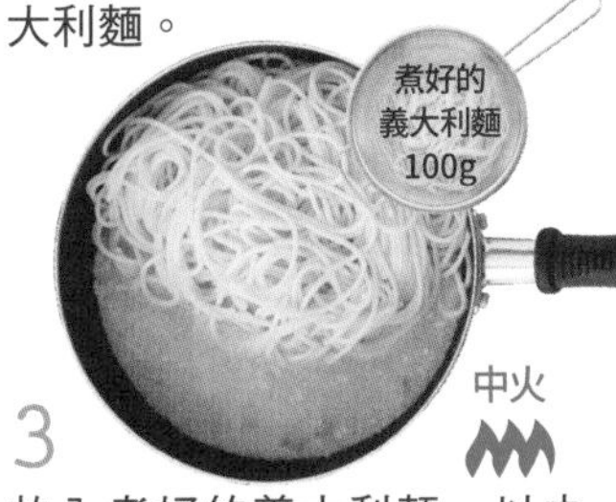

3 放入煮好的義大利麵，以中火拌勻即完成。

＊明太子有鹹味，因此煮義大利麵時不用加鹽！
＊用麵味露取代醬油，可以讓味道更有深度，加倍美味！

麵類

no. 

每一個細節都美味！

蔥芝麻油義大利麵

材料（1人份）

- 義大利麵⋯⋯100g
- 長蔥⋯⋯1/2根

調味料
- 醬油⋯⋯1小匙
- 胡椒鹽⋯⋯撒3～5下的量

炒料用
- 芝麻油⋯⋯1大匙

推薦配料
- 鴨兒芹
- 紅辣椒

1

長蔥分成白色與綠色的部分，切成一口大小。

長蔥½根

2

倒入芝麻油，以小火慢炒綠色的部分。

加熱後的平底鍋

芝麻油 1大匙

1的綠色部分

炒至香味出來

小火

3

放入白色的部分炒。開始煮義大利麵。

1的白色部分

炒至柔軟

小火

4

放入煮好的義大利麵、醬油、胡椒鹽，以中火拌炒均勻即完成。

煮好的義大利麵100g

醬油 1小匙

胡椒鹽 3~5下

中火

變化食譜

用橄欖油代替芝麻油，加上紅辣椒，就變身為長蔥辣椒義大利麵！

麵類

no. 12

輕鬆做出正宗中華料理！

麻婆炸醬麵

材料(1~2人份)

- 油麵……2球
- 豬絞肉……80g
- 麻婆豆腐調理包(附勾芡粉)……3份

調味料

- 味噌……1小匙
- 辣油……2～3滴
- 水……200ml

炒料用

- 芝麻油……1大匙

推薦配料

- 小黃瓜
- 炒白芝麻
- 紅辣椒

1
倒入芝麻油，用中火炒絞肉。

2
暫時熄火，倒入所有的調味料、麻婆豆腐調理包、附屬的勾芡粉，以中火煮。

3
煮油麵。

盛盤後淋上2即完成。

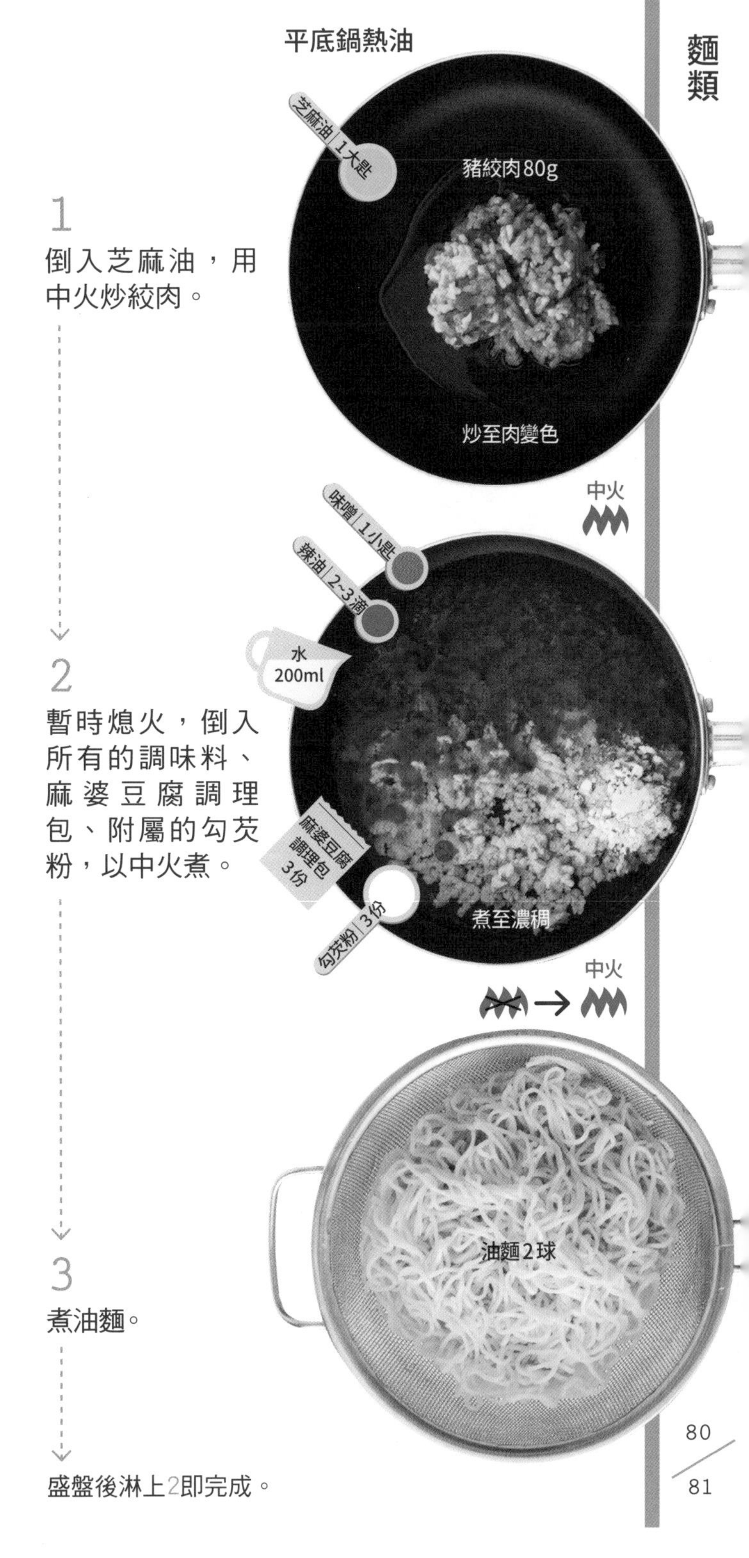

變化食譜

用夏天沒吃完的日本麵線(素麵)取代油麵來做，口感滑溜美味！

＊使用麻婆豆腐調理包，就可以省去複雜的調味料，輕鬆做出美味的麻婆豆腐！
＊如果麻婆豆腐沒有附送勾芡粉，可以用水100ml＋太白粉2小匙做成勾芡水倒入(建議放入前一刻再調製)。
＊喜歡吃辣的人，可以使用辣味較重的調理包，或增加辣油的量！

麵類

no. 13

令人無法招架的垃圾食物美味！

乾拌麵

順手加菜

拿來做戚風蛋糕的蛋白庫存

蛋白用保鮮膜包起來冷凍，就可以當成戚風蛋糕的材料！（→p.190）

材料（1人份）

- 泡麵（附湯包粉）……1包
- 蛋黃……1顆

調味料

- 泡麵附的湯包粉……1/2袋
- 軟管裝大蒜泥……2～ 3cm
- 醬油……1/2小匙
- 芝麻油……1/2小匙

推薦配料

- 青蔥
- 烤海苔
- 黑胡椒

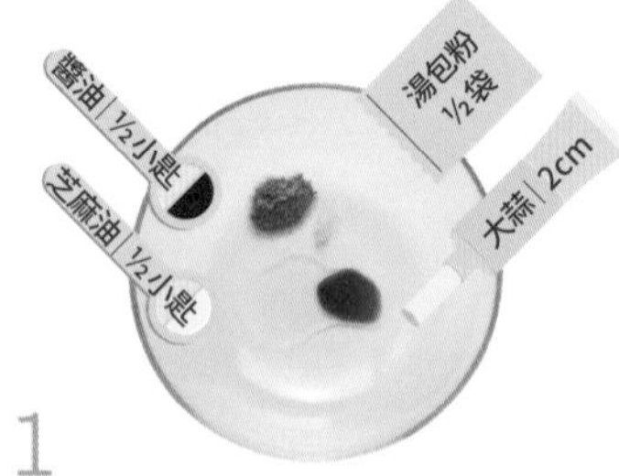

1

將所有的調味料放入容器中拌勻。煮泡麵。

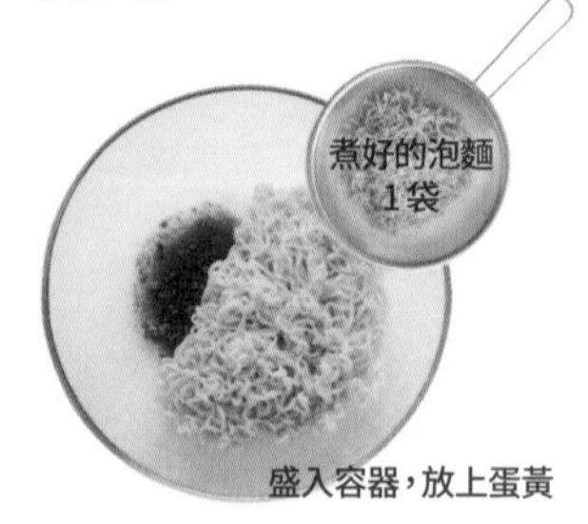

2

將泡麵與1的醬汁拌勻即完成。

＊直接用吃麵的碗混合醬料，可以減少要洗的碗。
＊使用的泡麵任何口味都可以。請用喜歡的口味試做看看。
＊推薦使用鹽味和豚骨風味。

麵類

no. 14

培根蛋麵風味涼麵

材料(1人份)

- ●油麵……1球
- ●培根……20g
- ●蛋黃……1顆

調味料

☆牛奶……200ml
☆雞湯粉……1小匙
☆起司粉……1小匙
●粗磨黑胡椒……
撒2～3下的量

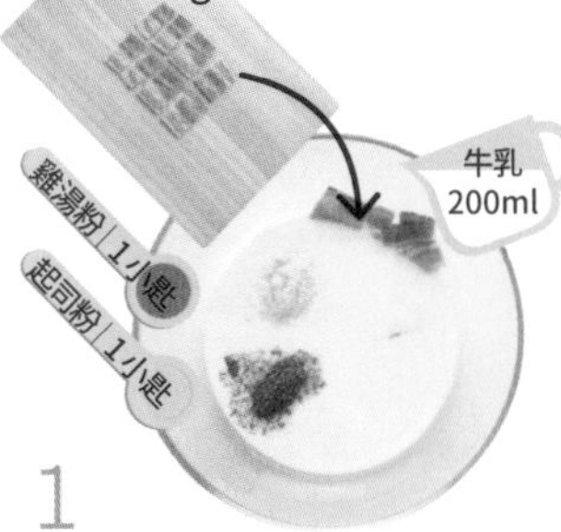

1
培根切成一口大小，與☆混合。

2
油麵煮熟撈起，以冰水冰鎮後瀝去水分。

3
將油麵放入1拌勻。

順手加菜

大蒜培根湯

將剩下的培根和切片洋蔥以奶油慢炒後，加入水200ml、雞湯粉1/2小匙至鍋中一起煮，就能完成一道湯品！

＊油麵用泡麵取代也可以。

麵類

no. 15

微波爐就能完成一道正式麵點！超省時極品！涼拌拉麵

材料（1人份）

- 油麵⋯⋯1球
- 切塊雞腿肉⋯⋯100g

調味料

- 酒⋯⋯3大匙
- 麵味露⋯⋯3大匙
- 芝麻油⋯⋯1小匙
- 軟管裝大蒜泥⋯⋯3cm
- 冰塊⋯⋯2～3顆
- 喜歡的配料⋯⋯溏心蛋、小黃瓜等

推薦配料

- 溏心蛋
- 小黃瓜
- 白蔥絲

順手加菜

速食乾拌麵

省去步驟2的「放涼」和步驟4的「用冰水冰鎮」，就變身為乾拌麵！

＊中華麵用泡麵也可以。
＊用微波爐蒸雞肉，就可以輕鬆做出像叉燒肉的口感。
＊蒸好後的汁就是雞湯，可以直接拿來做湯。
＊這是配合雞肉清爽滋味的涼麵。依喜好只瀝去水分，省去冰鎮的步驟，也一樣好吃！

1

容器先放入冰箱冰過。將雞肉、麵味露、酒放入耐熱容器，以微波爐加熱。

2

將1的醬汁放入其他容器放涼。開始煮麵。

3

麵快煮好時，將芝麻油、軟管裝大蒜泥、冰塊放入2的醬汁拌勻。

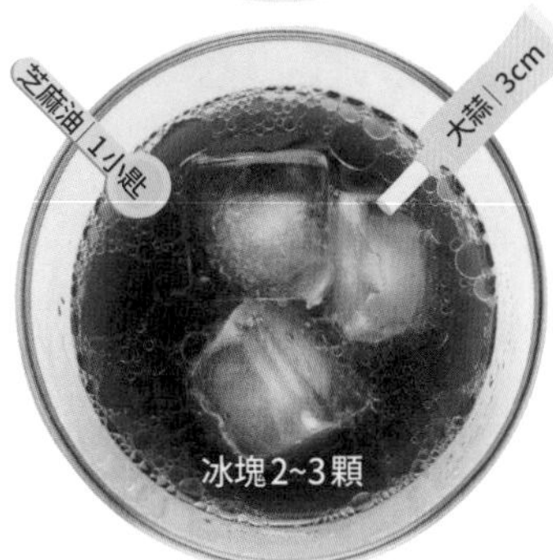

4

撈起煮好的油麵，以冰水冰鎮，瀝去水分。盛入容器，淋上3，放上雞肉即完成。

麵類

no. 16

手工起司是秘方！

麵攤風炒麵

材料(1人份)

- 炒麵……1球
- 高麗菜……1片
- 豬五花肉片……50g

調味料

☆中濃醬……1大匙
☆醬油……1小匙
☆酒……1小匙
☆和風高湯粉……1/2小匙
- 胡椒鹽……撒3下的量

炒菜用

- 芝麻油……1大匙

推薦配料

- 青海苔
- 紅薑

1
高麗菜切成一口大小。☆混合在一起。

2
炒麵不要撥鬆，放在平底鍋中央，以中火煎。

3
麵體翻面，依豬肉、高麗菜的順序放入周圍煎。

4
加入1的醬汁、胡椒鹽拌炒即完成。

順手加菜

涼拌高麗菜

將剩下的高麗菜切絲，微波後瀝乾水分，拌上美乃滋，即完成一道涼拌高麗菜。

＊炒麵兩面都煎過，就可以煎出麵攤鐵板麵的香氣。
＊以☆的比例混合調味料，即使在家，也可以製作出極品醬汁。

終極配菜

餐桌上如果有分量滿點的肉料理、賣相極佳的配菜，
就特別令人開心。
本章將介紹「還少一道菜！」
「不知道今天要吃什麼？」的時候可以派上用場的菜色。
每一道都令人垂涎三尺，因此特別講求可以簡單完成。
簡單、迅速，而且美味！煩惱的時候就來這裡挑一道菜吧！

配菜

no. 1

偷呷步卻保證美味
美乃滋蝦

材料（1人份）

- 去殼蝦⋯⋯100g

調味料
- 軟管裝大蒜泥⋯⋯3cm
- 美乃滋⋯⋯1大匙
- 番茄醬⋯⋯1大匙
- 麵粉⋯⋯1大匙

炒菜用
- 芝麻油⋯⋯1大匙

推薦配料
- 義大利巴西里

1
將軟管裝大蒜泥、番茄醬、美乃滋混合在一起。

2
蝦子清洗後擦乾，撒上麵粉。

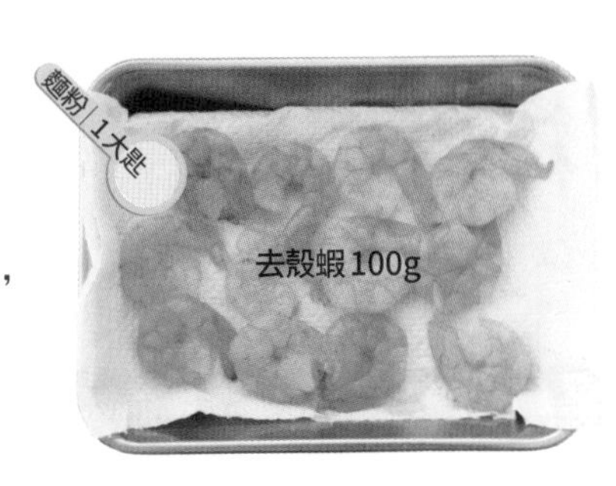

平底鍋熱油

3
倒入芝麻油，用中火炒蝦子。

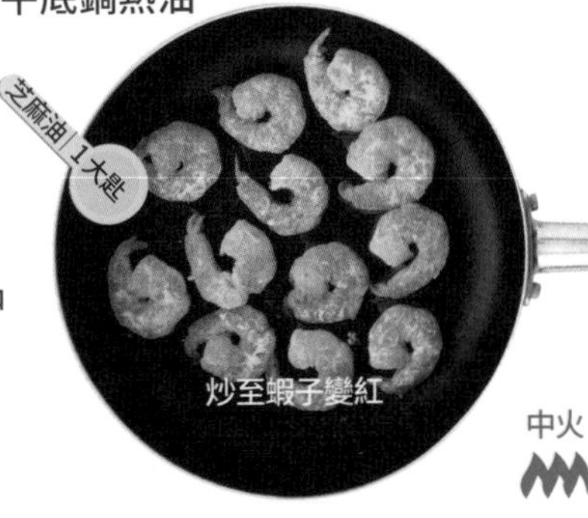

中火

4
將蝦子放入1，攪拌均勻即完成。

＊炒蝦子前，務必先把水分擦乾！否則會噴油喔！

變化食譜
美乃滋蝦萵苣卷

把美乃滋蝦放在萵苣葉片包起來做成手卷，美味加倍！

配菜

no. 2

濃稠的起司與豬肉交融在一起，難以招架！

韓式起司豬五花

材料（2人份）

- 豬切邊肉⋯⋯100g
- 泡菜⋯⋯100g

調味料

☆軟管裝大蒜泥⋯⋯3cm
☆酒⋯⋯1大匙
☆醬油⋯⋯1/2小匙
- 披薩用起司⋯⋯喜歡的量（約50g）

炒菜用

- 芝麻油⋯⋯1大匙

1
倒入芝麻油，用中火炒豬肉和泡菜。

2
放入☆繼續炒。

3
撒上起司，蓋上蓋子，以小火加熱至起司逐漸融化即完成！

＊撒上起司後轉小火，耐心等到起司融化！

順手加菜

酒後的韓式炒飯

將剩下的韓式起司五花肉和白飯一起炒，就是一道泡菜炒飯！

配菜

no. 3

酸甜煎雞翅

材料（1~2人份）

●雞翅……7～10支

調味料

●胡椒鹽……撒4下的量
●太白粉……2大匙
☆醬油……1大匙
☆酒……1大匙
☆味醂……1大匙
☆砂糖……1小匙

煎雞翅用

●沙拉油……平底鍋5mm高的量

推薦配料

●炒白芝麻

1
雞翅兩面各均勻塗抹撒2下的量的胡椒鹽。

2
將雞翅、太白粉放入密封袋裡搓揉。

密封袋
太白粉｜2大匙

3
加熱沙拉油，將雞翅排在平底鍋裡，煎雞翅的兩面。熄火後用廚房紙巾吸去油分。

平底鍋熱油
沙拉油 5mm高
煎至肉熟透
煎至金黃色
用廚房紙巾吸油
小火與中火之間

4
放入混合的☆，以中火均勻沾裹即完成。

中火

順手加菜

鹽味雞翅

如果有剩下的雞翅，裹上混合的麵粉和青海苔，撒上胡椒鹽再煎，就是一道海苔鹽味雞翅！

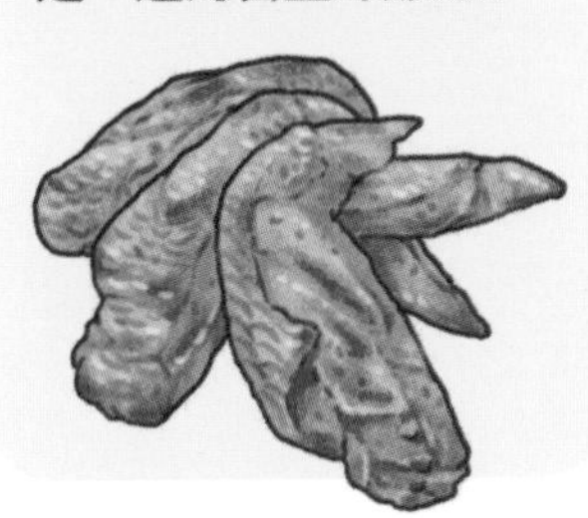

配菜

no.  4

終極美味

馬鈴薯沙拉

材料（1人份）

- ●馬鈴薯……2顆
- ●白煮蛋……1顆

調味料

- ●水……1大匙
- ☆軟管裝黃芥末……3cm
- ☆美乃滋……3大匙
- ☆醋……1小匙
- ☆砂糖……1小匙
- ☆和風高湯粉……1/2小匙
- ☆胡椒鹽……撒2下的量

推薦配料

- ●紅葉萵苣
- ●巴西里

1
馬鈴薯切成一口大小。

2
將水和馬鈴薯放入耐熱容器，用微波爐加熱6分鐘。

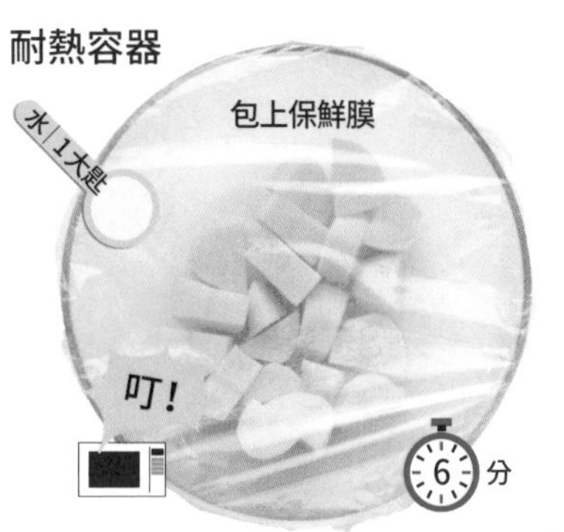

3
用壓泥器將馬鈴薯壓碎。

4
放入白煮蛋和☆，邊壓碎邊攪拌即完成。

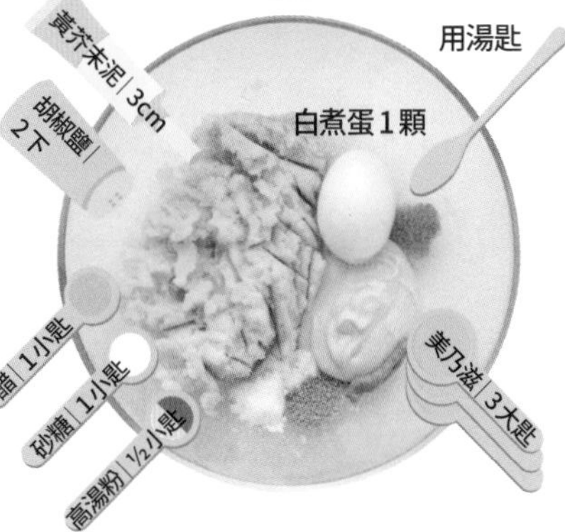

順手加菜

馬鈴薯三明治

把馬鈴薯夾在吐司裡也很美味！

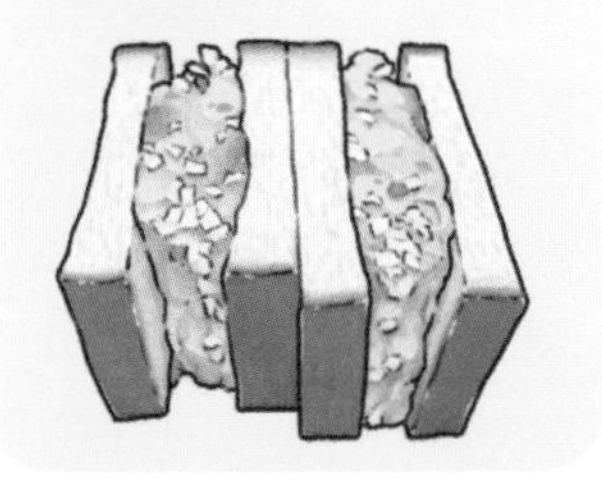

＊馬鈴薯剛加熱完畢就要立刻壓碎。趁熱壓碎，蛋白質顆粒不會被破壞，可以做出鬆軟的口感。

＊加入小黃瓜或紅蘿蔔，不僅色彩美觀，味道也會更棒！

配菜

no. 5

家庭的酥脆口感

炸棒棒腿

材料(1~2人份)

- 棒棒腿……4～5支
  (約300g)

調味料

☆雞蛋……1顆
☆軟管裝生薑泥……6cm
☆軟管裝大蒜泥……6cm
☆牛奶……100ml
☆醬油……1大匙
- 麵粉……50g
- 胡椒鹽……1大匙

炸雞用

- 沙拉油……
  平底鍋5cm高的量

推薦配料

- 檸檬

1

將棒棒腿和☆放入容器拌勻，醃10分鐘。

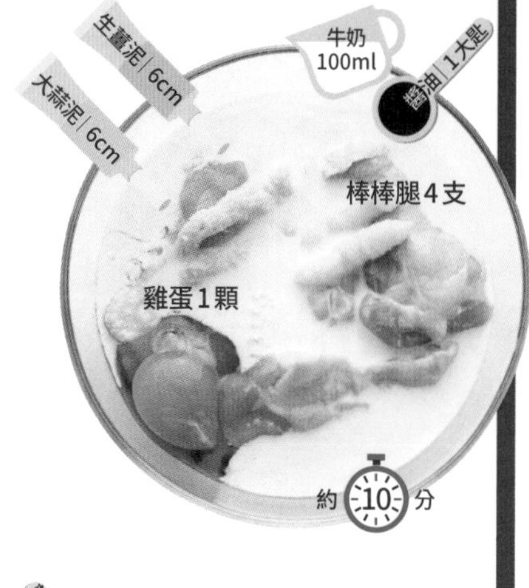

2

混合麵粉和胡椒鹽，均勻沾裹棒棒腿。

平底鍋熱油
(滴入麵粉會浮起來的溫度)

3

以中火炸至呈現焦色，再轉小火炸至完全熟透即完成。

＊雞翅也可以如法炮製。
＊混合麵粉和胡椒鹽，可以讓麵衣呈現辛香美味！

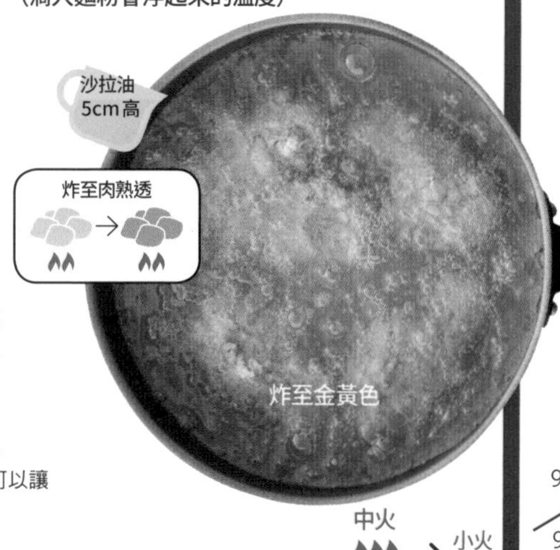

順手加菜

可樂燉棒棒腿

如果有剩下的棒棒腿，與可樂200ml和醬油1大匙一起燉煮，就是一道可樂燉棒棒腿！

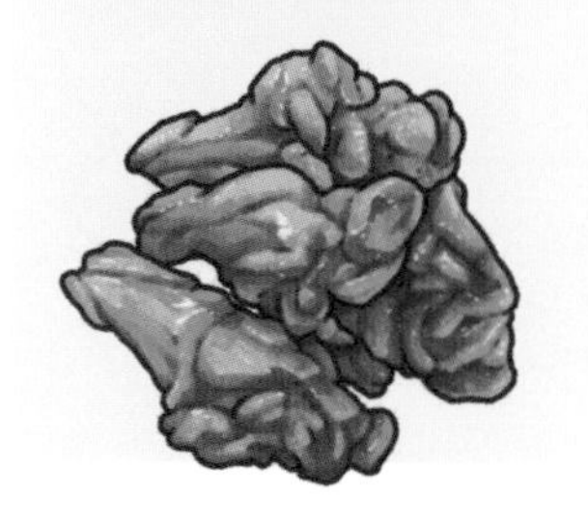

配菜

no. 6

小烤箱就能搞定！

不用炸的簡易豬排

變化食譜

炸蝦風蝦排

用蝦子取代豬裡脊肉，就可以做出炸蝦風蝦排！

材料（1人份）

- 豬裡脊肉……1片

調味料

- 麵包粉……2大匙
- 橄欖油……2大匙
- 起司粉……1大匙
- 胡椒鹽……撒2下的量

推薦配料

- 紅葉萵苣
- 番茄
- 巴西里

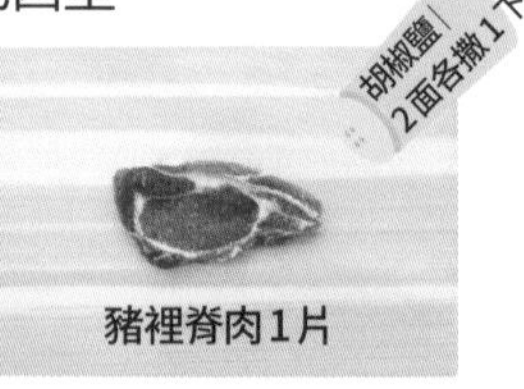

1

豬肉兩面抹上胡椒鹽。

2

將麵包粉、橄欖油、起司粉混合。

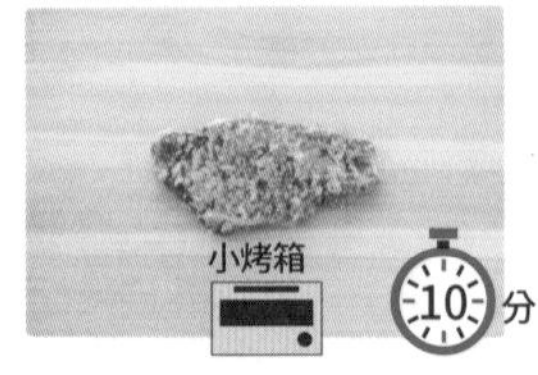

3

將2確實壓按在豬肉上，用小烤箱烤10分鐘即完成。

配菜

no. 7

不用搓不用炸也不用油！

超簡單開放式可樂餅

材料（1~2人份）

- 馬鈴薯……2顆
- 洋蔥……1/2顆

調味料

- 水……1大匙
- 胡椒鹽……撒2下的量
- 牛奶……1大匙
- 麵包粉……3大匙
- 中濃醬……喜好的量

耐熱容器

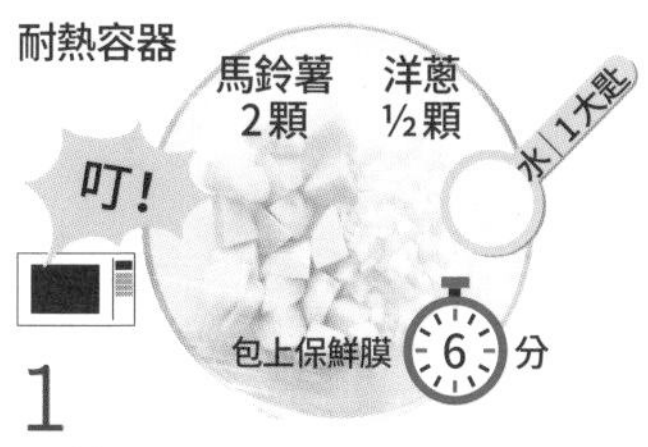

1

馬鈴薯切成一口大小，洋蔥切粗末。加水一起用微波爐加熱。

2

壓碎馬鈴薯，同時拌入洋蔥。加入胡椒鹽、牛奶，用湯匙壓扁拌勻，密實地填入容器裡。

不沾鍋

3

不用倒油，直接炒麵包粉，撒在2上即完成。淋上中濃醬享用。

順手加菜

奶油醬油烤馬鈴薯

將剩下的可樂餅搓成一團，以奶油和醬油用平底鍋煎，就成為一道點心。

＊把馬鈴薯放入容器時要壓緊。

配菜

no. 8

溫泉蛋凱撒沙拉

材料(1人份)

- 萵苣……3～4片
- 番茄……1顆
- 溫泉蛋(市售)……1顆

凱撒沙拉醬

- 軟管裝大蒜泥……3cm
- 美乃滋……2大匙
- 牛奶……1大匙
- 起司粉……1大匙
- 醋……1小匙
- 黑胡椒……撒2下的量

推薦配料

- 麵包丁
- 起司粉
- 義大利巴西里
- 黑胡椒

變化食譜

麵包丁

將剩下的吐司邊用橄欖油稍微炒過，可以拿來做為配料！

1

將凱撒沙拉醬的材料全部混合。

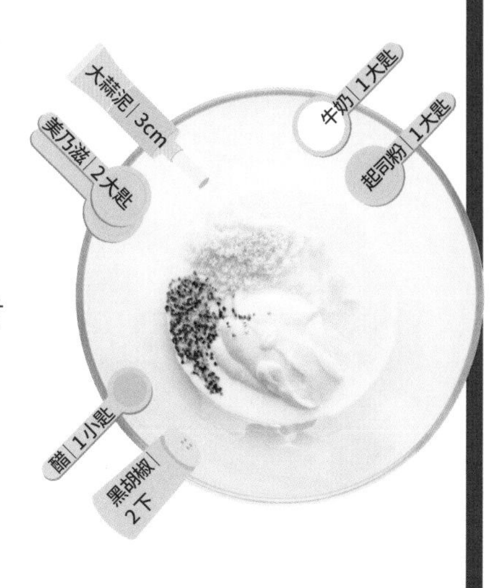

2

萵苣撕成一口大小，番茄切成一口大小。

3

將萵苣和番茄盛盤，淋上1。

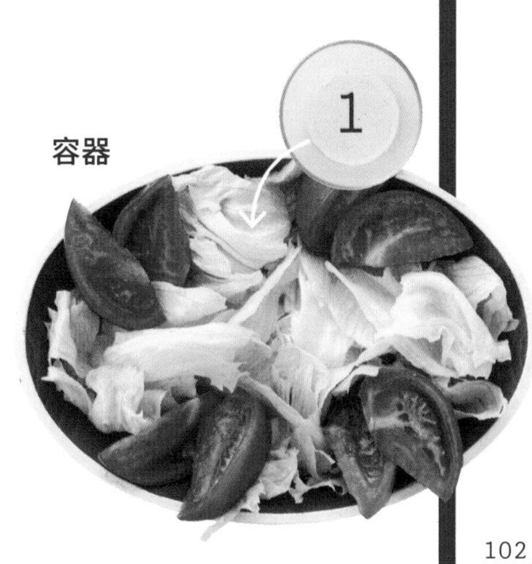

放上溫泉蛋即完成。

配菜

no. 9

溫潤的美味徹底入味

肉豆腐

材料（1~2人份）

- 牛五花肉……100g
- 豆腐……1塊
- 洋蔥……1/2顆

調味料

- 醬油……3大匙
- 味醂……1大匙
- 酒……1大匙
- 砂糖……1大匙
- 和風高湯粉……1/2小匙
- 水……100ml

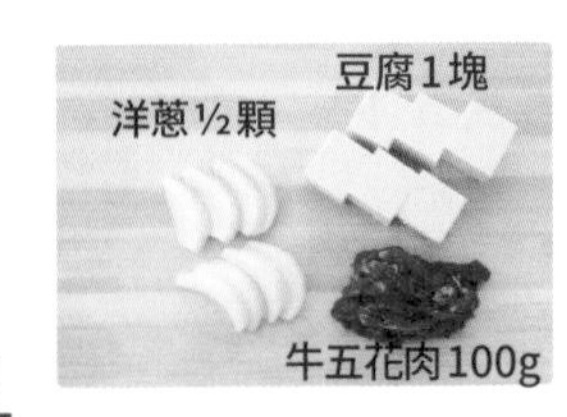

1

牛肉和豆腐切成一口大小，洋蔥切片。

2

將1與調味料全部放入平底鍋，加蓋燉煮即完成。

順手加菜

快速上桌！肉豆腐烏龍麵

冷凍烏龍麵用微波爐解凍，放上肉豆腐和麵味露，立刻就完成一道肉豆腐烏龍麵！

配菜

no. 10

微波爐就能完成

正宗高湯蛋捲

材料(1~2人份)

- 雞蛋……2顆

調味料

- 味醂……1大匙
- 砂糖……2小匙
- 醬油……1/2小匙
- 和風高湯粉……1/2小匙
- 水……1大匙

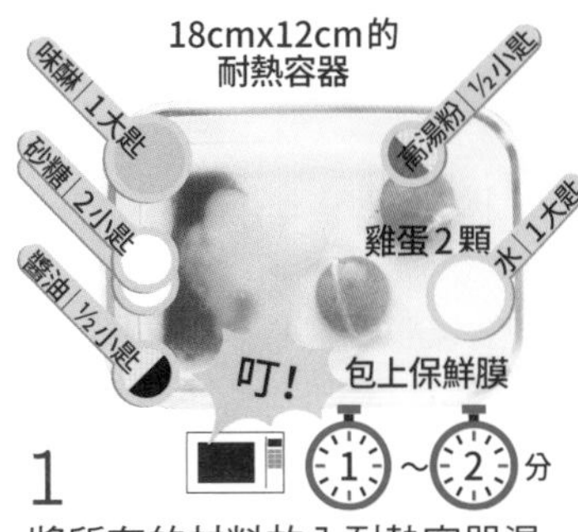

1 將所有的材料放入耐熱容器混合，用微波爐加熱。

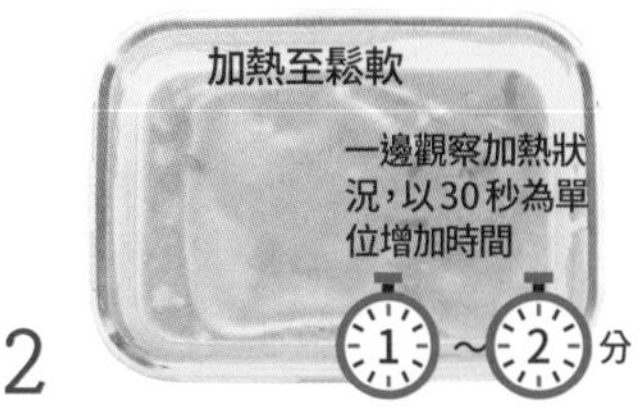

2 從微波爐取出攪拌，繼續加熱。

3 用保鮮膜捲起靜置。然後取下保鮮膜，切成2～3cm寬即完成。

變化食譜

韭菜炒蛋風高湯蛋捲

將切碎的韭菜用微波爐加熱30秒，擠去水分，與蛋液混合一起做，就變身為一道韭菜炒蛋風高湯蛋捲！

＊包上保鮮膜，就可以輕鬆捲成厚蛋捲的形狀。

配菜

no. 11

白飯一碗接一碗
油淋雞

材料（1人份）

- 雞腿肉塊……200g

調味料

- 醬油……1大匙
- 酒……1大匙
- 太白粉……2大匙

煎雞腿用

- 沙拉油……3大匙

蔥醬

- 長蔥……1/2根
- 酒……1大匙
- 砂糖……1大匙
- 醋……1大匙
- 醬油……2大匙

推薦配料

- 紅辣椒
- 白蔥絲
- 炒白芝麻

1

容器裡放入雞肉、醬油、酒醃漬。長蔥切成蔥花。

2

將1的雞肉裹上太白粉。

3

倒入沙拉油，以小火與中火之間的火力煎雞肉。

4

用廚房紙巾擦掉平底鍋的油，放入蔥醬的材料，以中火讓雞肉均勻沾裹蔥醬即完成。

變化食譜

油淋雞丼

將油淋雞和溫泉蛋放到白飯上，做成油淋雞丼，也非常美味！

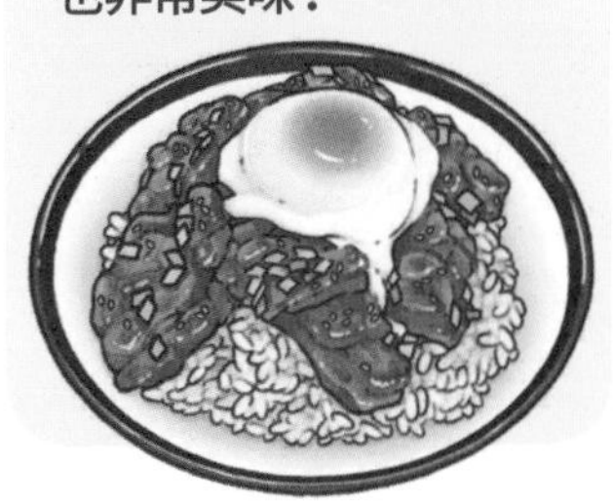

配菜

no. 12

洋風懶人炒豬肉

材料(1人份)

- 豬切邊肉⋯⋯150g
- 洋蔥⋯⋯1/2顆

調味料
- 番茄醬⋯⋯1大匙
- 伍斯特醬⋯⋯1大匙
- 胡椒鹽⋯⋯撒2～3下的量

炒豬肉用
- 沙拉油⋯⋯1大匙

推薦配料
- 青蔥
- 炒白芝麻

1

洋蔥切片，以微波爐加熱。

2

倒入沙拉油，用中火炒洋蔥和豬肉。

3

將所有的調味料放入鍋中拌炒均勻即完成。

＊用蠔油取代伍斯特醬，成品的滋味會更為香濃！

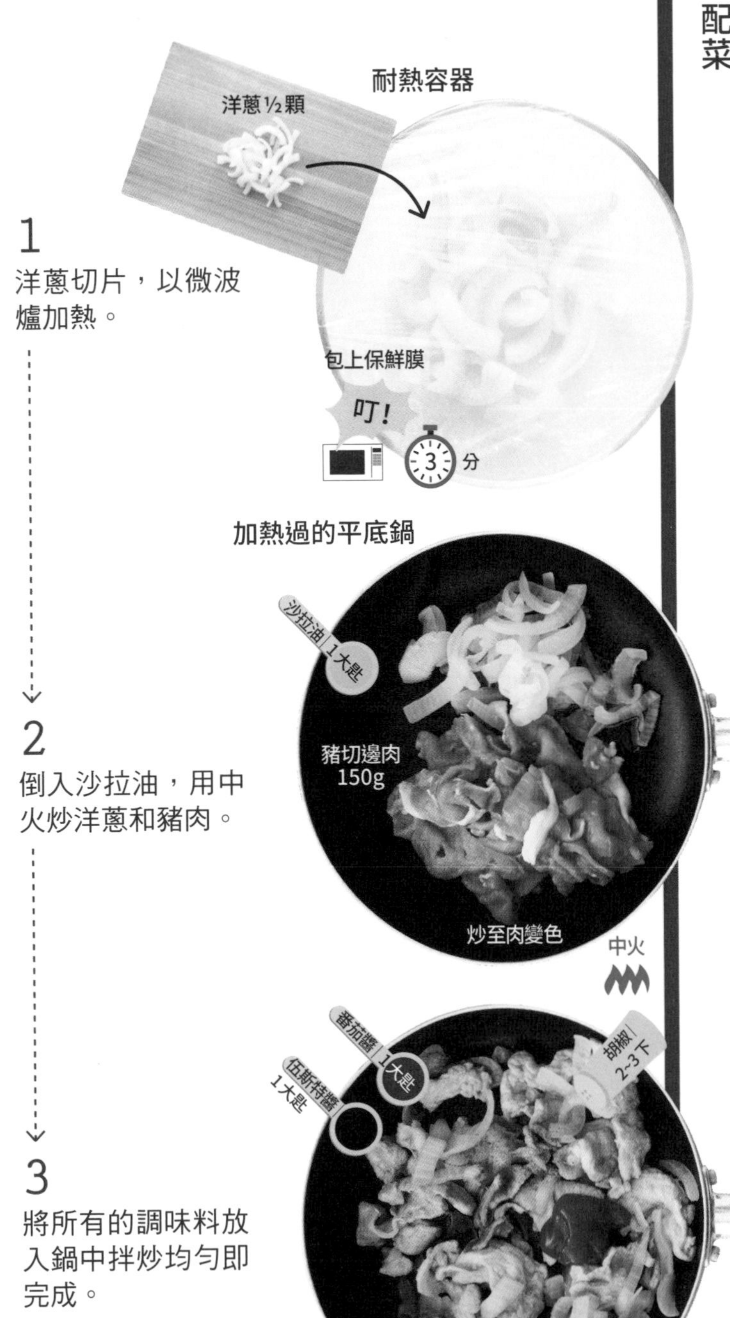

變化食譜

沒有伍斯特醬和番茄醬時，改用酒和醬油來炒，也非常美味！

配菜

no. 13

在家就可以嘗到正宗中華料理！

極品口水雞

材料（1~2人份）

- 雞胸肉……1片
- 長蔥……1/3根

醬汁
- 軟管裝大蒜泥……3cm
- 醬油……1大匙
- 醋……1大匙
- 味醂……1小匙
- 辣油……1小匙

炒雞肉用
- 芝麻油……1大匙

推薦配料
- 番茄
- 杏仁
- 胡桃
- 青蔥

1
將雞肉放入沸騰的水中靜置，加蓋不開火。

2
混合醬汁的材料。

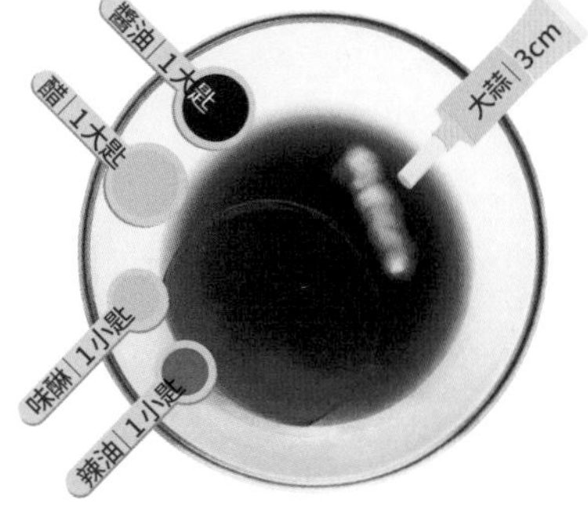

3
長蔥切成蔥花，以中火炒過，倒入2的醬汁煮滾。

4
取出1的雞肉，切成1cm厚度，盛盤後淋上醬汁即完成。

變化食譜
將剩下的口水雞連同醬汁與萵苣拌勻，就是一道微辣的口水雞沙拉！

＊肉的厚度不同，煎熟的時間也不同。請依實際狀況調整加熱時間。

配菜

no. 14

超市的便宜肉大變身！
極致牛排

材料(1人份)

- 牛排肉……1片(約200g)
- 洋蔥……1/2顆

調味料

- 胡椒鹽……撒6下的量
- 砂糖……1小匙

☆軟管裝大蒜泥……2cm
☆醬油……1大匙
☆酒……1大匙

煎肉用

奶油……1小匙

推薦配料

- 日式馬鈴薯沙拉
- 甜玉米
- 巴西里

1
牛肉兩面切格子紋，分別抹上撒3下的胡椒鹽。

2
洋蔥磨成泥，與砂糖混合，裹在1上，在常溫下醃漬。

3
放入奶油，用大火將2的兩面煎至喜愛的熟度，盛盤。

4
放入2的洋蔥泥和☆，以大火煮滾，淋在牛排上即完成。

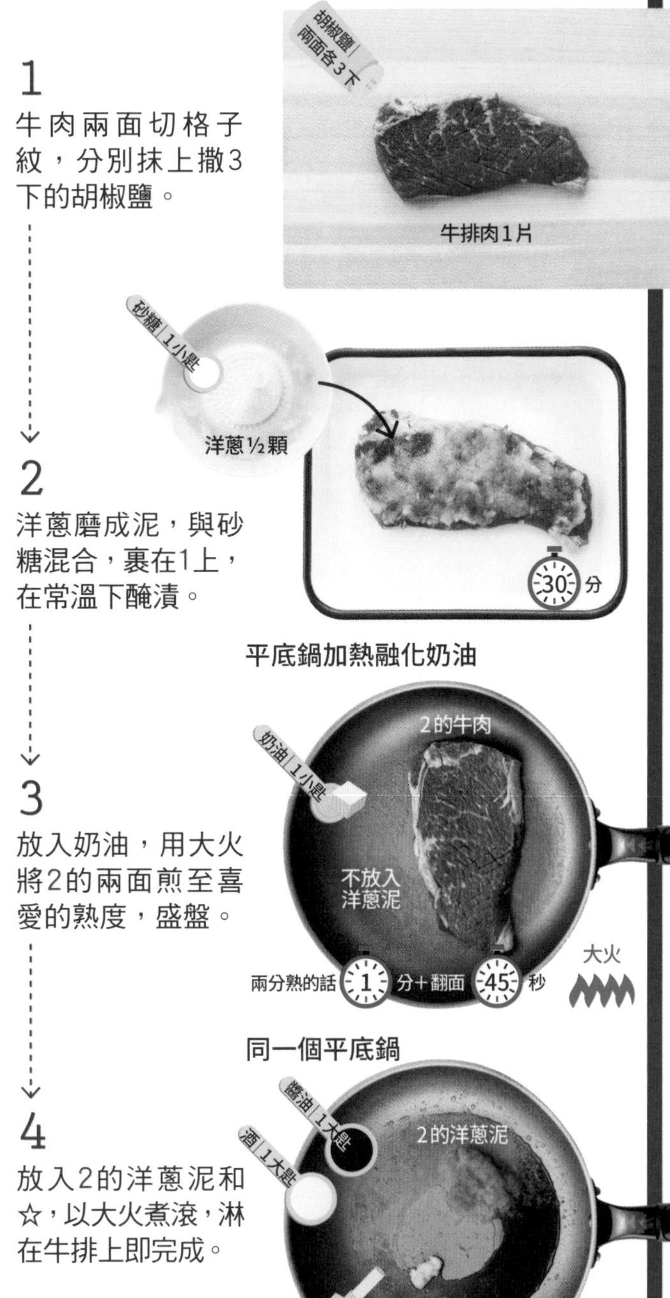

變化食譜

將剩下的1/2顆洋蔥切片，與醬汁一起炒，當成配菜，可以增加餐點分量！

＊用洋蔥泥來醃肉，可以讓肉質變得柔軟，而且洋蔥泥可以直接拿來做成牛排醬，一石二鳥！

配菜

no. 15

連白醬都是自作
奶油燉菜

材料(3~4人份)

- 切塊雞腿肉……200g
- 洋蔥……1/4顆
- 紅蘿蔔……1/2根
- 馬鈴薯……1顆

調味料

- 水……400ml
- 雞湯粉……2小匙
- 胡椒鹽……撒3～4下的量
- 披薩用起司……2～3撮(約20g)

白醬

- 奶油……25g
- 麵粉……25g
- 牛奶……200ml

推薦配料

- 巴西里
- 粗磨黑胡椒

1

洋蔥、紅蘿蔔、馬鈴薯切成一口大小，和雞肉、水一起用中火煮。

2

奶油、麵粉用微波爐加熱混合。加入牛奶攪拌後加熱。再次攪拌加熱。最後攪拌均勻。

3

將2的白醬、雞湯粉、胡椒鹽放入1，一邊攪拌一邊以小火和中火之間的火力燉煮。

4

轉小火，放入披薩用起司，融化後便完成。

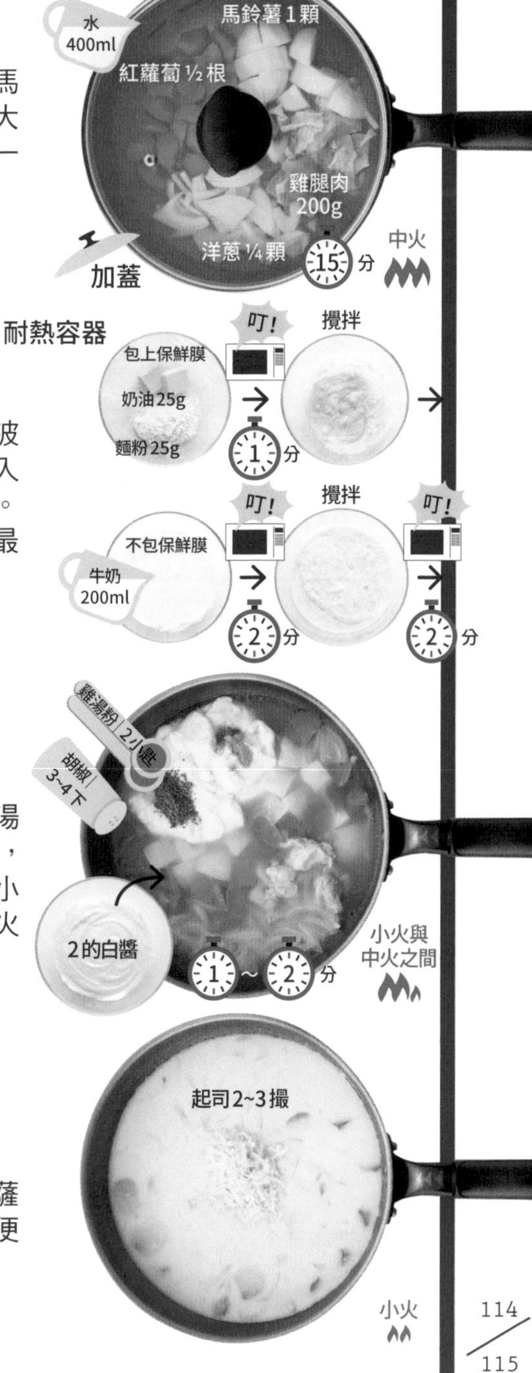

順手加菜

巧達濃湯

在剩下的奶油燉菜裡放入酒1大匙、牛奶100ml、蛤蜊，以大火加熱，使酒精完全揮發，便是一道巧達濃湯！

配菜

no. 16

隨手可得的材料就能做得超道地！

麻婆豆腐

材料（2人份）

材料
- 絞肉……100g
- 豆腐……1塊
- 長蔥……1/2根

調味料
- 軟管裝大蒜泥……3cm
- 味醂……1大匙
- 味噌……2小匙
- 醬油……2小匙
- 番茄醬……2小匙
- 辣油……1小匙
- 和風高湯粉……1/2小匙
- 水……100ml

勾芡水
- 太白粉……2小匙
- 水……2小匙

炒菜用
- 芝麻油……1小匙

推薦配料
- 青蔥

順手加菜

麻婆炒麵

將炒麵兩面煎得金黃，淋上剩下的麻婆豆腐，就是一道麻婆炒麵！

1
用廚房紙巾拭去豆腐的水氣，切成1cm丁狀。長蔥切粗末。

2
倒入芝麻油，以中火炒絞肉和長蔥。

3
倒入1的豆腐和全部的調味料，輕輕混合。

4
倒入勾芡水，輕輕攪拌即完成。

＊喜歡吃辣的人，可以將辣油的量增加至1大匙，就是一道辛辣味十足的麻婆豆腐！

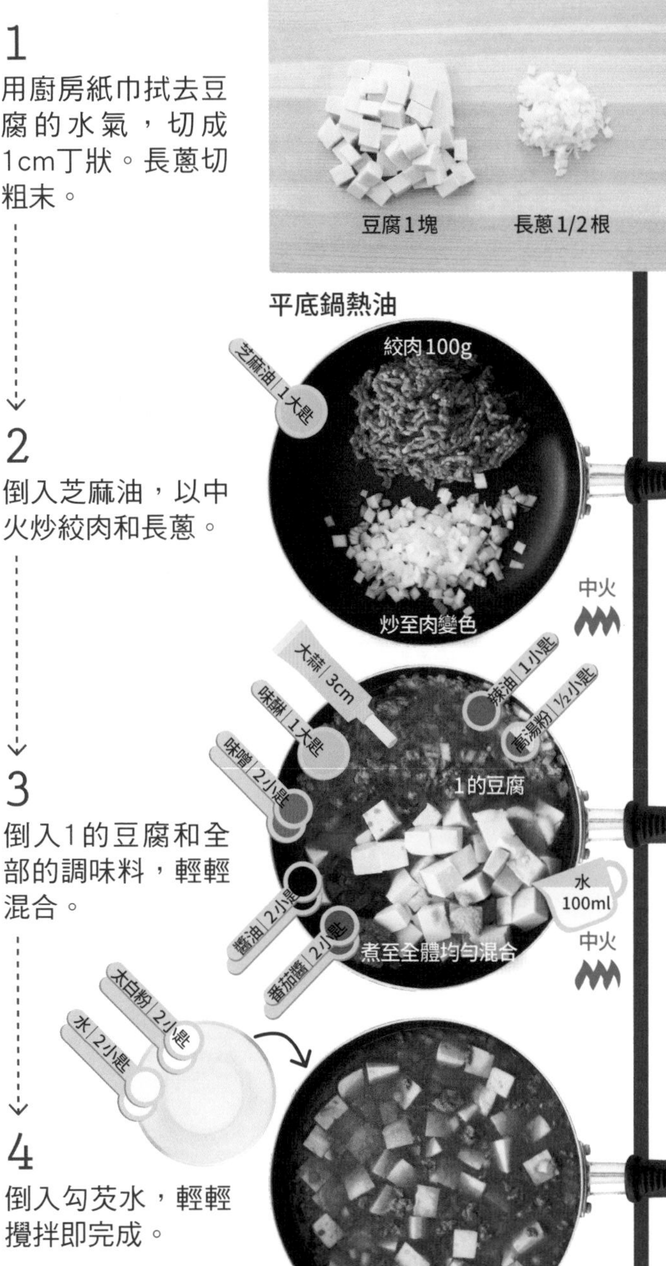

配菜

no. 17

用微波爐重現媽媽的味道！

微波爐馬鈴薯燉肉

順手加菜

醃紅蘿蔔

將剩下的紅蘿蔔切絲，用微波爐加熱。與醋、橄欖油、胡椒鹽混合在一起，就是一道醃菜！

材料（1人份）

- 牛切邊肉……100g
- 洋蔥……1/4顆
- 紅蘿蔔……3cm
- 馬鈴薯……1顆

調味料

- 醬油……2大匙
- 酒……2大匙
- 味醂……2大匙
- 砂糖……1小匙
- 水……100ml

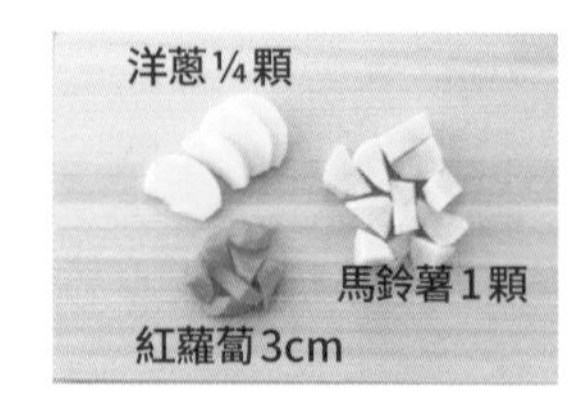

1

洋蔥、紅蘿蔔、馬鈴薯切成一口大小。

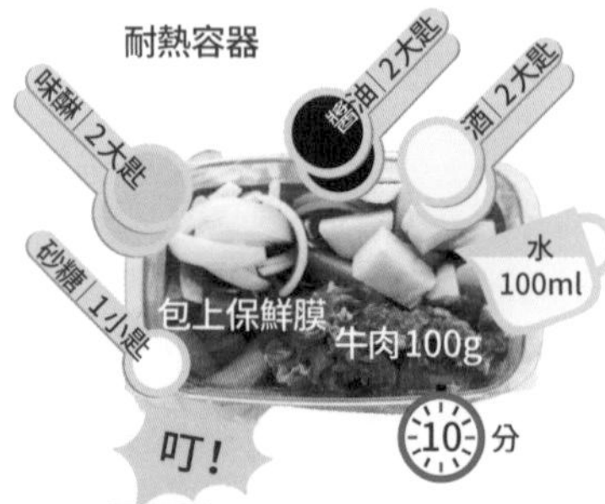

2

將1與牛切邊肉、調味料全部放入容器，以微波爐加熱即完成。

配菜

no. 18

軟Q蓮藕餅

材料（1人份）

- 蓮藕……135g
  （近10cm）

調味料

- 太白粉……2大匙

煎製用

- 芝麻油……1小匙

推薦配料

- 醬油
- 海苔絲
- 青蔥

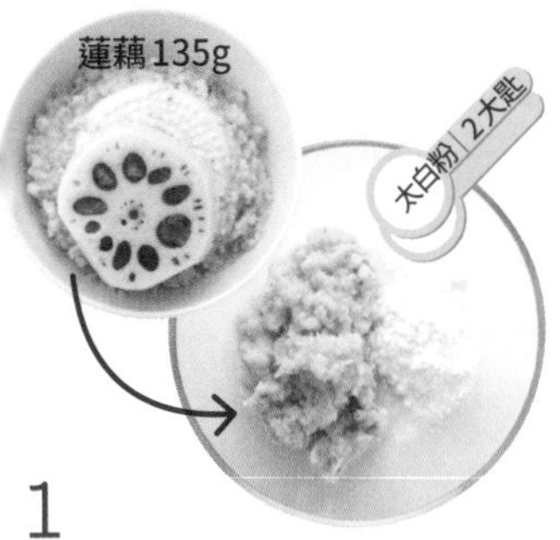

1
蓮藕磨碎，與太白粉混合。

2
將1分成4等分，捏成約1cm厚的圓餅狀，用芝麻油以中火煎烤兩面。

順手加菜

爽脆醬炒蓮藕

將蓮藕切成薄片，與胡椒鹽和醬汁一起炒，也十分美味！

＊拌上1：1比例的味醂和醬油，也很好吃！
＊也很推薦沾上柚子醋食用，滋味清爽！
＊在製作過程中揉上鹽巴，做成鹽味蓮藕餅也很美味！

配菜

no. 19

酥脆的口感誘人上癮

炸豬肝

材料(1人份)

- 豬肝……200g

調味料

- 軟管裝生薑泥……3cm
- 醬油……1大匙
- 酒……1小匙
- 太白粉……2大匙

煎炸用

- 沙拉油……
  平底鍋約1.5cm高的量

推薦配料

- 細香芹菜

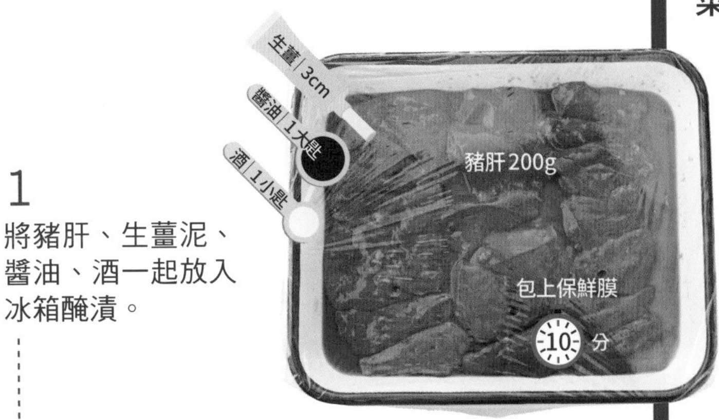

1

將豬肝、生薑泥、醬油、酒一起放入冰箱醃漬。

2

瀝去1的水分，撒上太白粉。

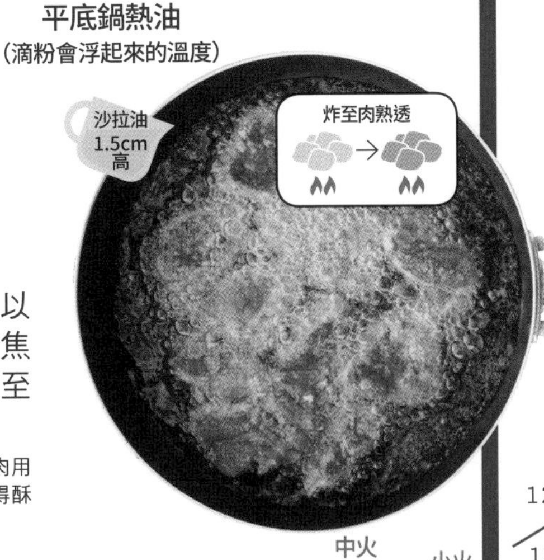

3

沙拉油加熱後，以中火炸至出現焦色，再轉小火炸至熟透即完成。

＊豬肝使用超市賣的烤肉用豬肝薄片，就可以炸得酥脆好吃。

順手加菜

辛香咖哩風炸豬肝

醃漬時追加2小匙的咖哩粉，就可變身為辛香咖哩風炸豬肝！

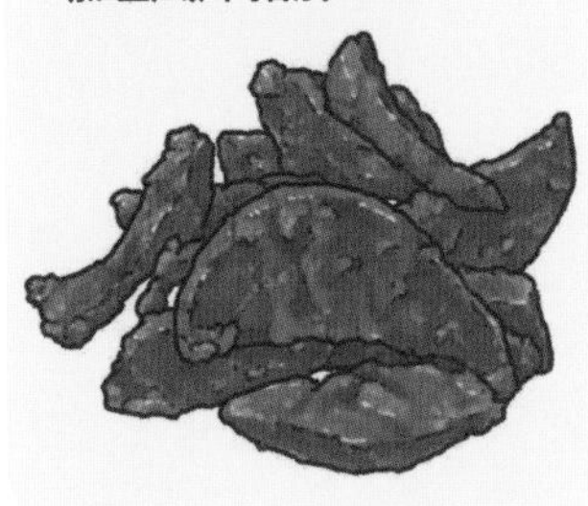

完美飯類

說到會讓人覺得飽餐一頓的料理，非飯類莫屬。
享用完炒飯和丼飯之後的飽足感，也令人無法抗拒。
本章收集了番茄雞肉飯、烤飯糰、「與眾不同的生蛋拌飯」等食譜。
賣相豪華，但只要用「煮」的就可以完成的海鮮燉飯，
也會在本章揭曉做法！

飯類

極品！王道鬆軟滑嫩親子丼

材料（1人份）

- 熱飯……150g（1碗）
- 雞腿肉……60g
- 洋蔥……1/4顆
- 雞蛋……2顆

調味料

- 醬油……1大匙
- 味醂……1大匙
- 砂糖……1小匙
- 和風高湯粉……1小匙
- 熱水……50ml

炒料用

- 沙拉油……1大匙

推薦配料

- 鴨兒芹

變化食譜

第二次放入蛋液的時候，一起加入披薩用起司，就是一道洋風鬆軟滑嫩親子丼！

＊雞蛋分2次淋，便可以做出鬆軟滑嫩的口感。

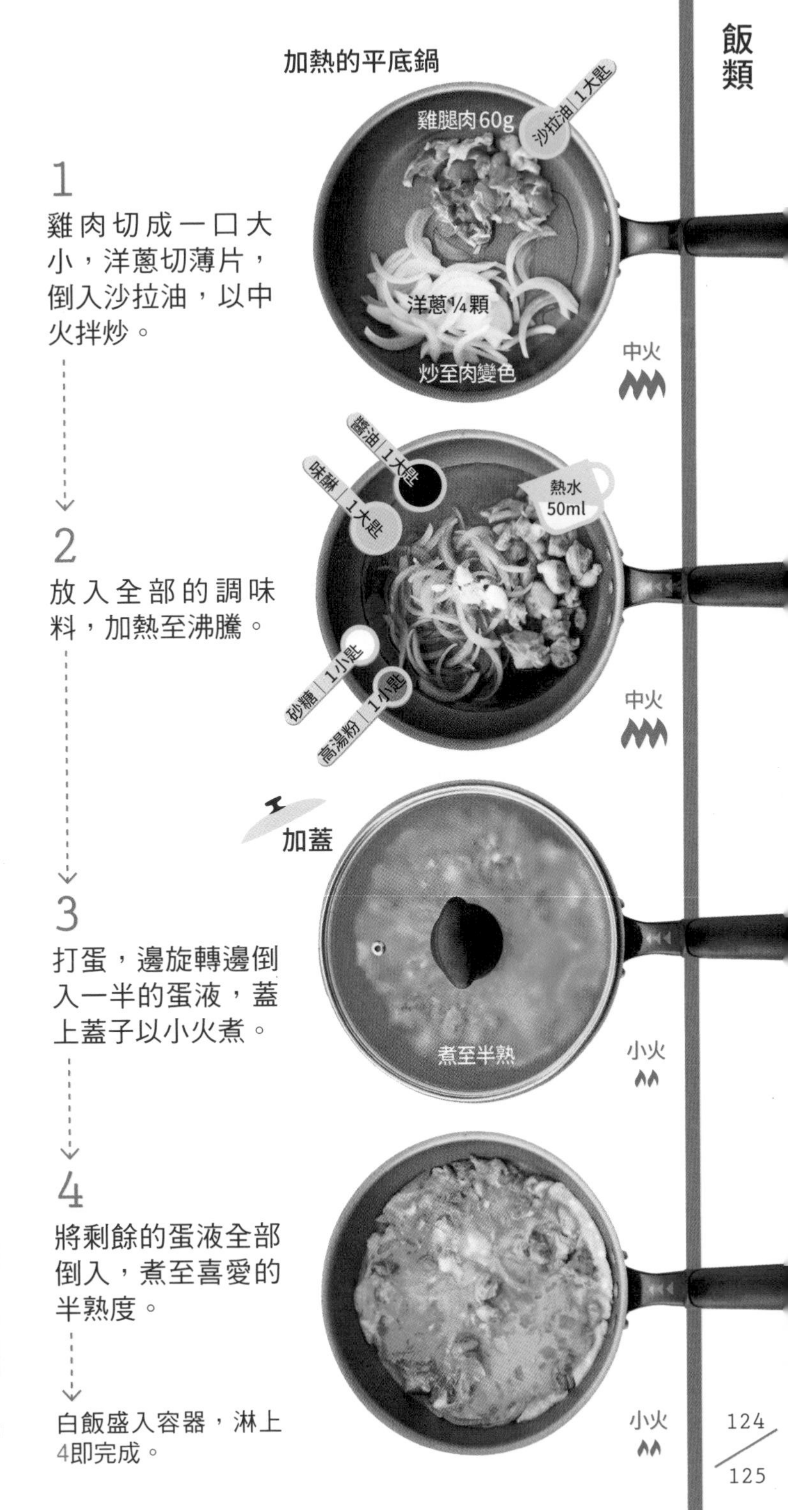

1
雞肉切成一口大小，洋蔥切薄片，倒入沙拉油，以中火拌炒。

2
放入全部的調味料，加熱至沸騰。

3
打蛋，邊旋轉邊倒入一半的蛋液，蓋上蓋子以小火煮。

4
將剩餘的蛋液全部倒入，煮至喜愛的半熟度。

白飯盛入容器，淋上4即完成。

飯類

no. 2

微辣的滋味令人上癮！

辣椒炒飯

材料（1人份）

- 熱飯……200g
- 培根……20g
- 大蒜……1瓣
- 紅辣椒……1根
- 雞蛋……1顆

調味料

- 胡椒鹽……撒2～3下的量

炒飯用

- 橄欖油……2大匙

1 培根切成一口大小，大蒜和紅辣椒切圓片。雞蛋打散。

平底鍋

2 倒入橄欖油，以中火炒大蒜、紅辣椒和培根。

用湯杓底壓開

3 加入蛋液、白飯，以大火拌炒。灑上胡椒鹽即完成。

順手加菜

熱水200ml裡加入海帶、和風高湯粉、芝麻油和醬油各1/2小匙，就是一道速食中華湯品，是炒飯的好搭檔！

＊用湯杓底部把飯壓開拌炒，就可以讓飯粒粒分明。如果用熱飯來炒，就容易撥散。

飯類

no. 3

溫和的辣味令人無法招架！

泡菜美乃滋炒飯

變化食譜

納豆泡菜美乃滋炒飯

炒的時候加入納豆也很美味！

材料（1人份）

- 熱飯……200g
- 豬切邊肉……70g
- 泡菜……50g
- 雞蛋……1顆

調味料

- 美乃滋……1大匙

炒菜用

- 芝麻油……2大匙

1
雞蛋打散。

2
倒入芝麻油，以中火炒豬肉、泡菜、美乃滋。

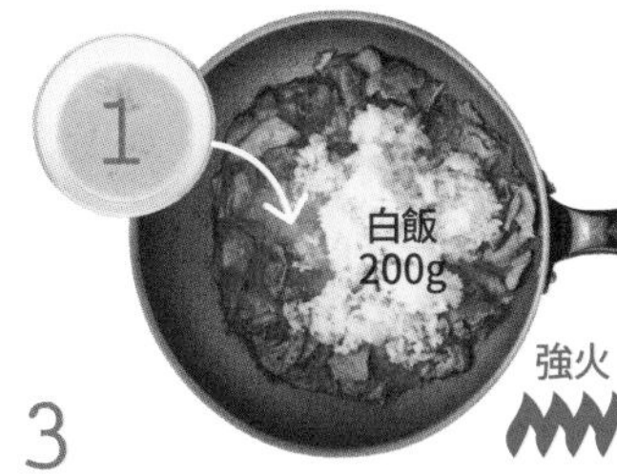

3
加入蛋液和白飯，用湯杓輕壓撥散，用大火拌炒。

飯類

no. 

懷念的滋味
番茄雞肉飯

材料(1人份)

- 熱飯……200g(1大碗)
- 雞腿肉……70g
- 洋蔥……1/4顆
- 雞蛋……1顆

調味料

- 番茄醬……3大匙
- 酒……1大匙
- 醋……1小匙
- 醬油……1/2小匙

炒飯煎蛋用

- 沙拉油……1大匙+1小匙

推薦配料

- 燙花椰菜
- 小番茄
- 巴西里

1

調味料全部以微波爐加熱1分鐘後拌勻。

耐熱容器

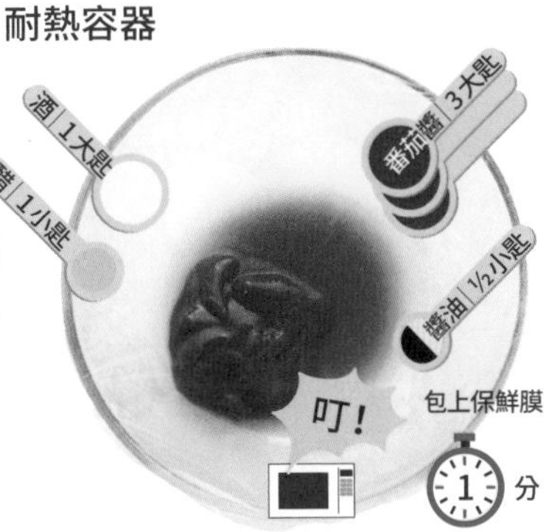

2

雞肉切成一口大小，洋蔥切薄片，倒入沙拉油以中火炒。

平底鍋熱油

沙拉油 1大匙
雞腿肉70g
洋蔥¼顆
炒至雞肉變色
中火

3

熄火，放入白飯和1，迅速拌勻，盛入容器。

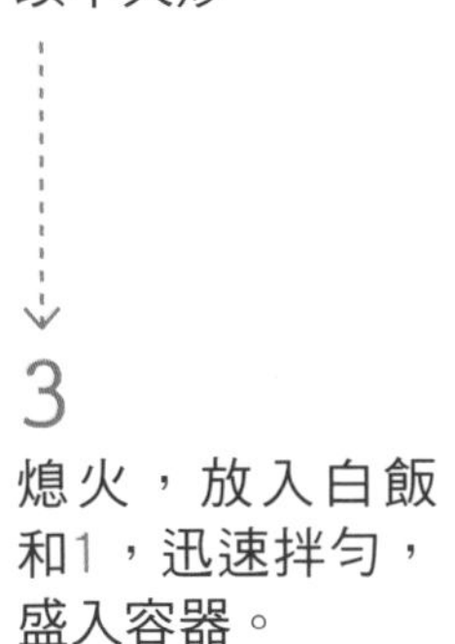

4

倒入沙拉油，煎荷包蛋，放在飯上即完成。

以另一只平底鍋熱油

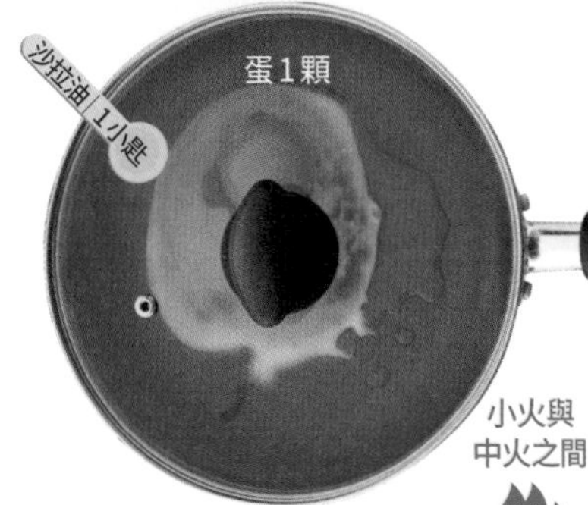

順手加菜

將調味料換成咖哩粉1小匙、雞湯粉1小匙、胡椒鹽撒2下，做成咖哩炒飯，也非常美味!

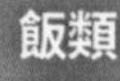

飯類

no. 5

海鮮居酒屋風
竹筴魚碎肉丼

材料(1人份)

- 白飯……150g(1碗)
- 竹筴魚生魚片……2片(約85～90g)
- 長蔥……3cm

調味料

- 軟管裝生薑泥……3cm
- 味噌……1大匙
- 醬油……2～3滴

推薦配料

- 青蔥
- 炒白芝麻

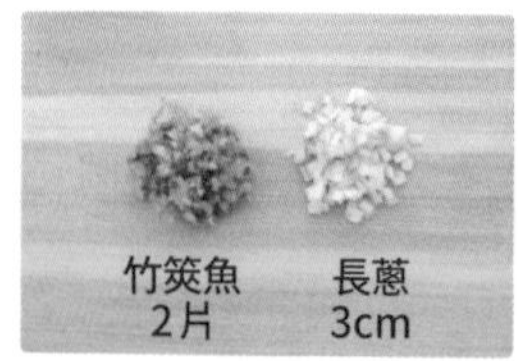

1
竹筴魚用菜刀剁碎。長蔥切粗末。

2
加入生薑、味噌，一起剁碎。

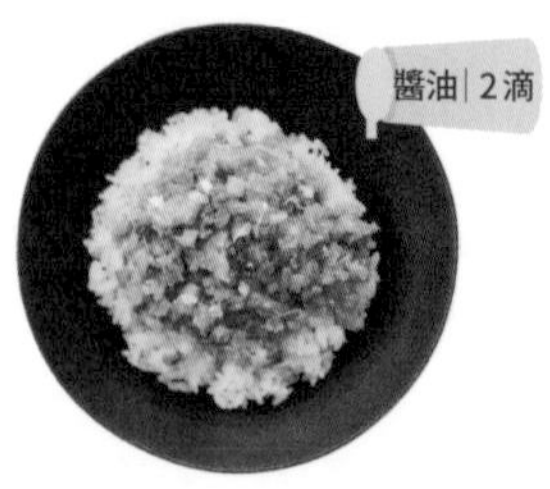

3
將白飯盛入容器，放上2，滴上醬油即完成。

順手加菜

酒後的竹筴魚茶泡飯

將和風高湯粉1/2小匙和水150ml煮滾淋上，就是一道酒後的竹筴魚茶泡飯！

飯類

no. 6

醬料特別講究

醃鮪魚丼

順手加菜

醃鮪魚排

如果有剩下的鮪魚，以芝麻油稍微煎過表面，做成醃鮪魚排也很美味。

材料（1人份）

- 白飯……150g（1碗）
- 生魚片鮪魚切邊肉……1盒（約90g）

調味料

- 味醂……1大匙
- 酒……1大匙
- 醬油……2大匙

推薦配料

- 白蔥絲
- 海苔絲
- 山葵

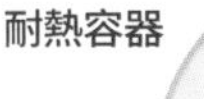

1
味醂、酒以微波爐加熱50～60秒。

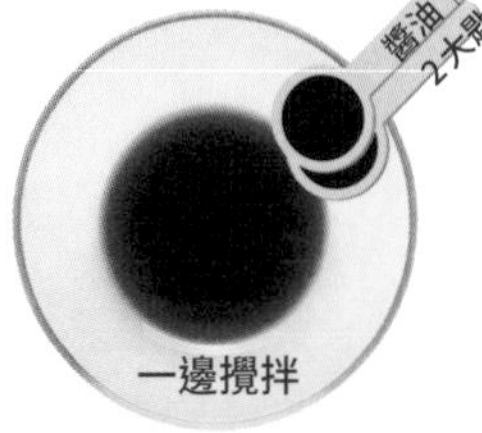

2
一邊攪拌，一邊加入醬油，放涼。

鮪魚1盒

3
放入鮪魚，均勻沾上醬汁。

白飯盛入容器，放上3，淋上少許醬汁即完成。

飯類

no. 7

道地魩仔魚丼

順手加菜

魩仔魚吐司

將剩下的魩仔魚放上吐司，淋上美乃滋烤過，也很美味！

材料（1人份）

- 白飯……100g（近1碗）
- 魩仔魚……30g

調味料

- 芝麻油……1/2小匙
- 醬油……2～3滴

推薦配料

- 青蔥
- 海苔絲

1
將白飯盛入容器，放上魩仔魚。

2
均勻淋上芝麻油和醬油。

飯類

no. 8

連內裡都滋味無窮

烤飯糰

順手加菜

高湯茶泡飯

烤飯糰放上鹽昆布和山葵泥，淋上熱開水，就變成一道高湯茶泡飯！

材料（1人份）

- 白飯……200g（1大碗公）

調味料

- 醬油……1又1/2大匙
- 味醂……1小匙
- 芝麻油……1小匙
- 和風高湯粉……1/2小匙

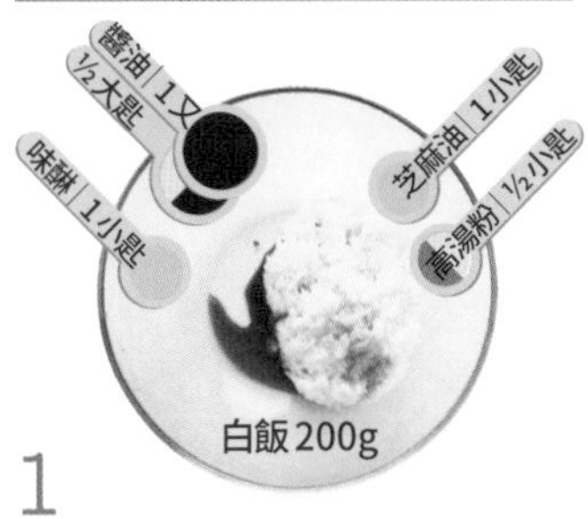

1
將所有的材料拌勻。

不沾平底鍋

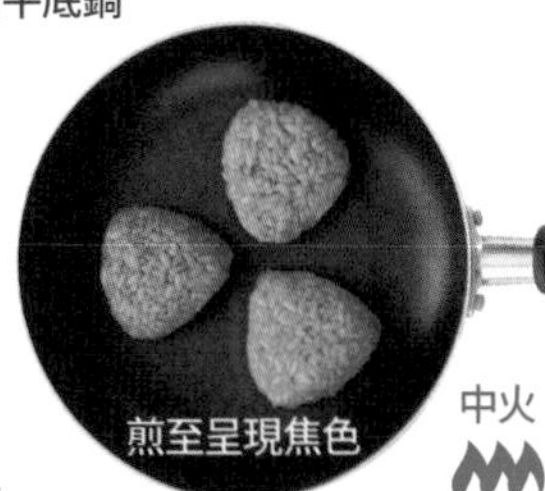

2
捏成飯糰狀，兩面以中火煎過即完成。

＊煎的時候不用油。

飯類

no. 9

海鮮的美味凝縮其中！

地中海風超道地海鮮燉飯

材料(3~4人份)

- 米⋯⋯2杯(360ml)
- 洋蔥⋯⋯1/2顆
- 蛤蜊⋯⋯150g
- 帶頭蝦⋯⋯7隻

調味料

- 酒⋯⋯300ml
- 雞湯粉⋯⋯1小匙
- 咖哩粉⋯⋯1小匙
- 胡椒鹽⋯⋯撒3下的量
- 水⋯⋯200ml

炒料用

- 橄欖油⋯⋯1大匙

順手加菜
海鮮白醬焗飯

將剩下的海鮮燉飯放上起司，用烤箱烤至呈現焦色，就是一道海鮮白醬焗飯！

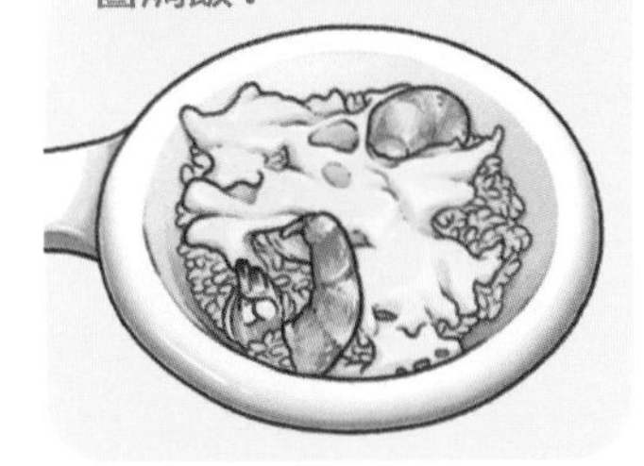

＊米不用洗。

＊咖哩粉只放1小匙，不是為了調味，而是為了增添色彩，可呈現出西班牙海鮮燉飯的黃色，成品色彩鮮豔，且不會影響海鮮高湯的滋味。

1
洋蔥切薄片，倒入橄欖油以中火拌炒。

2
放入米、蛤蜊、蝦子和所有的調味料，加蓋煮10分鐘。

3
轉小火蒸10分鐘，熄火後悶5分鐘即完成。

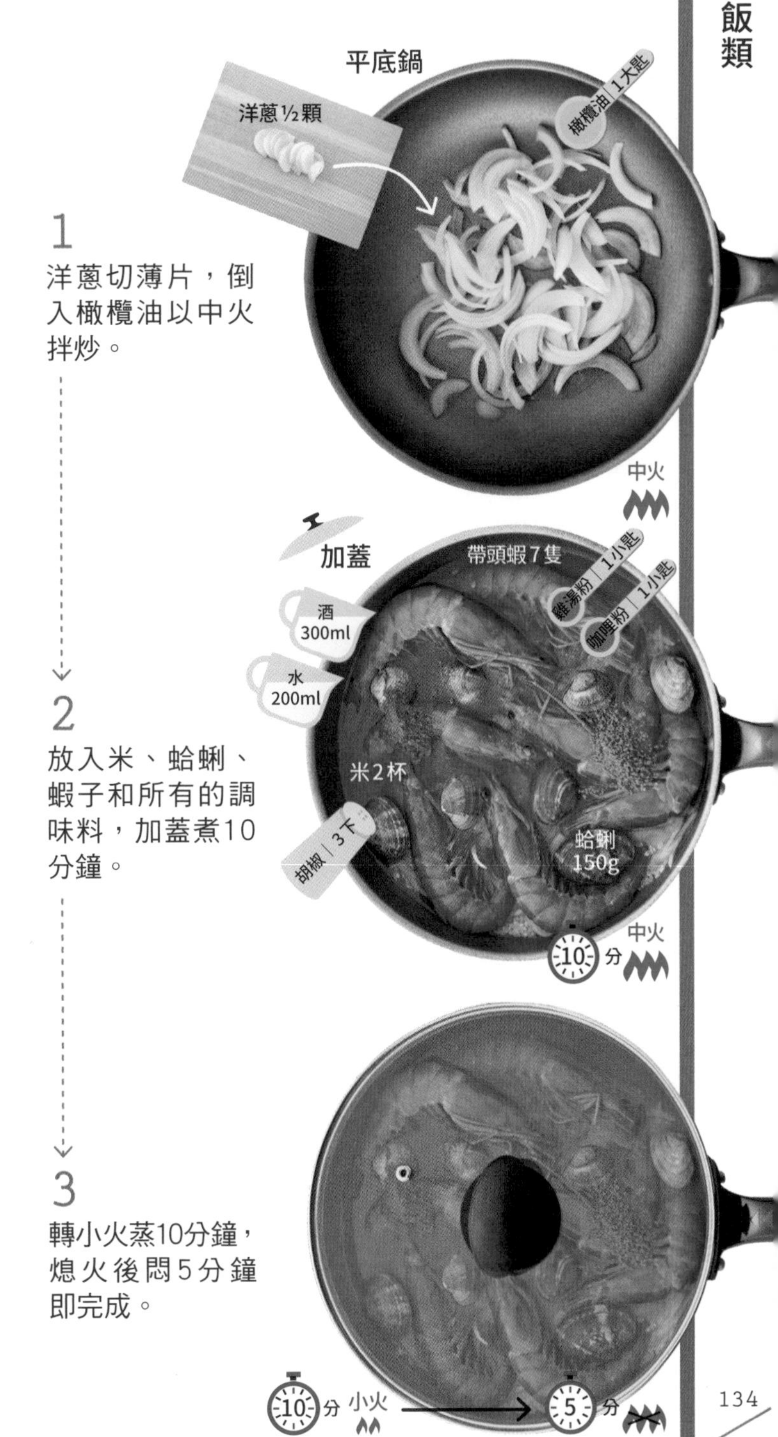

飯類

分量滿點！

精力豬肉蛋黃丼

材料(1人份)

- 熱飯……150g(1碗)
- 豬五花肉……100g
- 洋蔥……1/2顆
- 蛋黃……1顆

調味料

- 軟管裝生薑泥……2cm
- 醬油……1大匙
- 酒……1大匙
- 味醂……1大匙
- 砂糖……1小匙

炒菜用

- 沙拉油……1大匙

推薦配料

- 青蔥

1
豬肉切成一口大小，洋蔥切薄片。

平底鍋熱油

2
倒入沙拉油，以中火炒1。

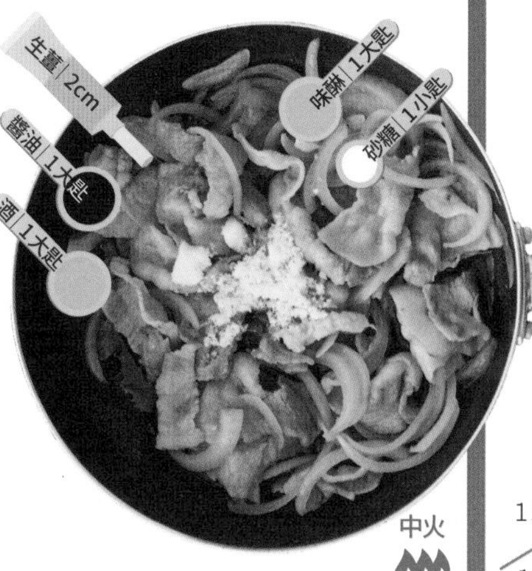

3
加入全部的調味料拌勻，煮至沸騰。

白飯盛至容器，放上3和蛋黃。

順手加菜

附味噌湯定食

利用剩下的洋蔥和豬五花肉製作味噌湯(加入水1杯，和風高湯粉½小匙、味噌2小匙一起煮)，就是一餐附味噌湯的豬肉蛋黃丼定食！

飯類

no. 11

傳說的生雞蛋拌飯（新版）

材料(1人份)

- 熱飯……150g(1碗)
- 雞蛋……1顆

調味料

- 醬油……1小匙
- 砂糖……1/2小匙
- 和風高湯粉……1小撮

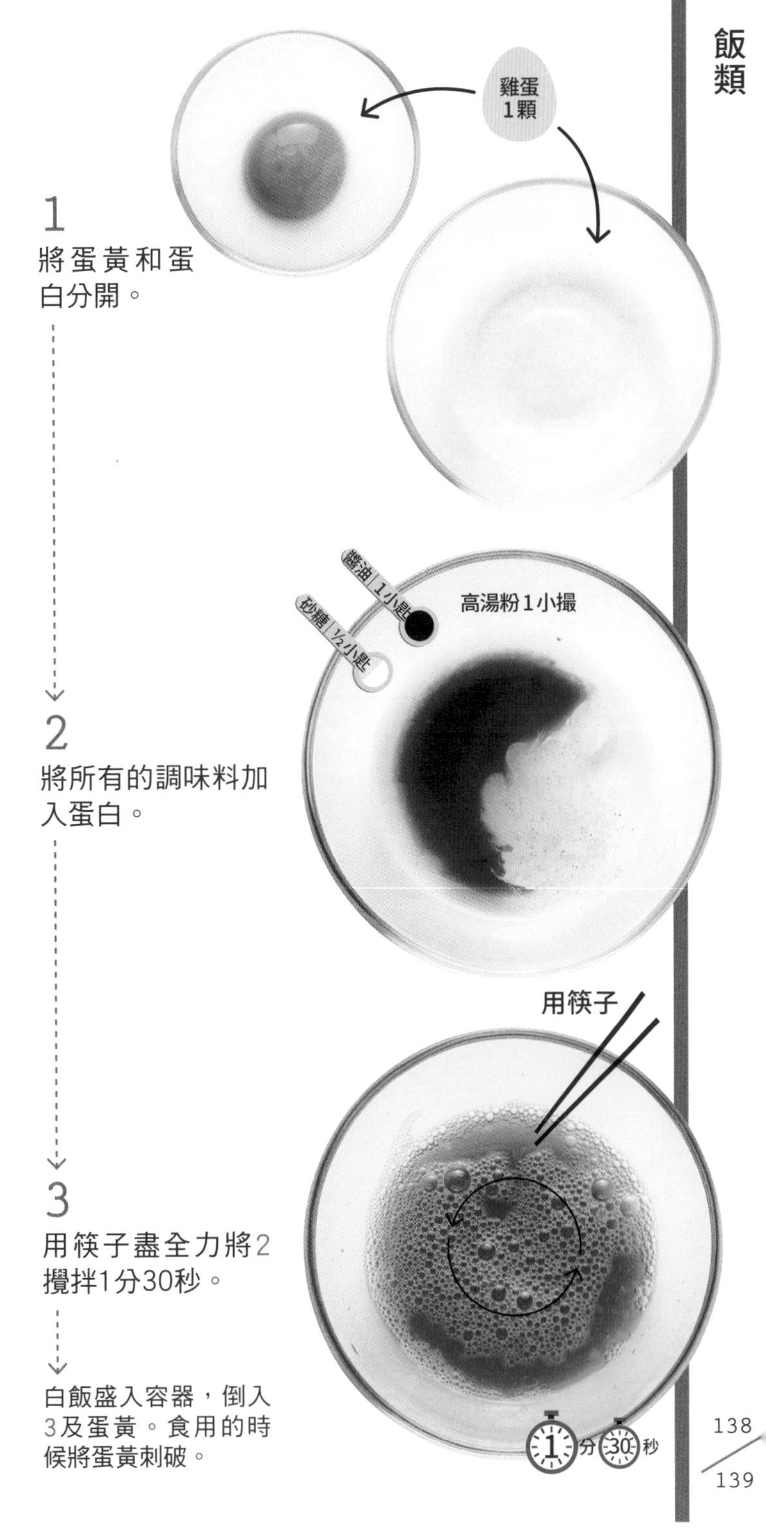

1
將蛋黃和蛋白分開。

2
將所有的調味料加入蛋白。

3
用筷子盡全力將2攪拌1分30秒。

白飯盛入容器，倒入3及蛋黃。食用的時候將蛋黃刺破。

順手加菜

煎雞蛋拌飯

將剩下的生雞蛋拌飯攪拌至凝固，以平底鍋熱奶油，將飯薄薄地鋪在鍋裡煎，非常美味！

* 這是研究坊間據傳最美味的蛋白霜狀生雞蛋拌飯後，更進一步改良的終極生雞蛋拌飯。
* 蛋白霜狀的生雞蛋拌飯分量十足，太有飽足感，吃一次就會覺得「好吃是好吃，可是夠了」。為了改善這項缺點，筆者潛心研究絕妙的分量以及最適合的調味，有些日子甚至一天用掉50顆雞蛋實驗。這就是日夜鑽研得到的傳說滋味！

信手拈來一品料理

除了麵類和飯類以外，還有許多兼具分量和美味的料理。
本章將介紹披薩、三明治等做為輕食也非常棒的料理。
御好燒、韓國煎餅等粉類料理也加入了改良創意，
只需一點工夫，就可以更進一步提升美味。
推薦在許多人熱鬧共餐時享用。

一品料理

no. 

震撼的Q彈口感！
山藥御好燒

材料（1人份）

- 山藥…… 1/6條（70g）

調味料

- 麵粉…… 75g
- 水…… 75ml
- 御好燒醬…… 1又1/2大匙
- 美乃滋…… 1大匙
- 青海苔…… 1大匙

炒菜用

- 沙拉油…… 1/2大匙

推薦配料

- 柴魚片

順手加菜

居酒屋風小菜！
山葵山藥

將剩下的山藥切成條狀，拌上山葵醬油也很美味！

＊平底鍋夠大的話，攤成一大片更容易煎熟，但會不好翻面。也可以分成兩次煎。

＊加入山藥，可以讓麵糊變得Q彈，口感吃起來就像店裡賣的一樣！

1

將山藥磨成泥。

山藥1/6條

2

將1、麵粉、水放入容器，攪拌至沒有結塊。

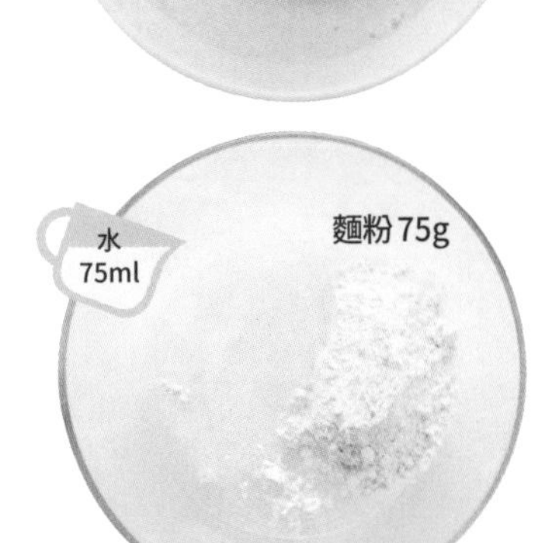

平底鍋熱油（冒出熱氣的溫度）

3

倒入沙拉油，以中火將2煎至呈焦色。

沙拉油 1/2大匙

煎至呈焦色 4 分 中火

4

翻面，以小火煎反面。

盛盤後依御好燒醬、美乃滋、青海苔的順序淋上去即完成。

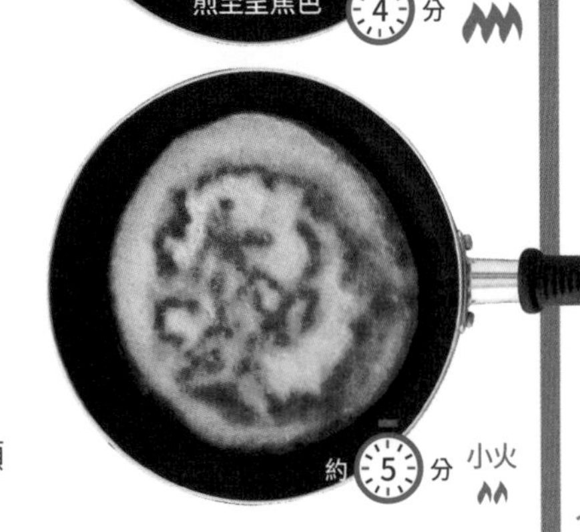

一品料理

no. 2

宛如章魚燒？！平底鍋就可以做的
章魚御好燒

材料（1~2人份）

- 章魚⋯⋯ 30g
- 雞蛋⋯⋯ 1顆

調味料

- 麵粉⋯⋯ 60g
- 麵味露⋯⋯ 1大匙
- 水⋯⋯ 200ml

煎製用

- 沙拉油⋯⋯ 1大匙

推薦配料

- 柴魚
- 青海苔
- 紅薑
- 美乃滋

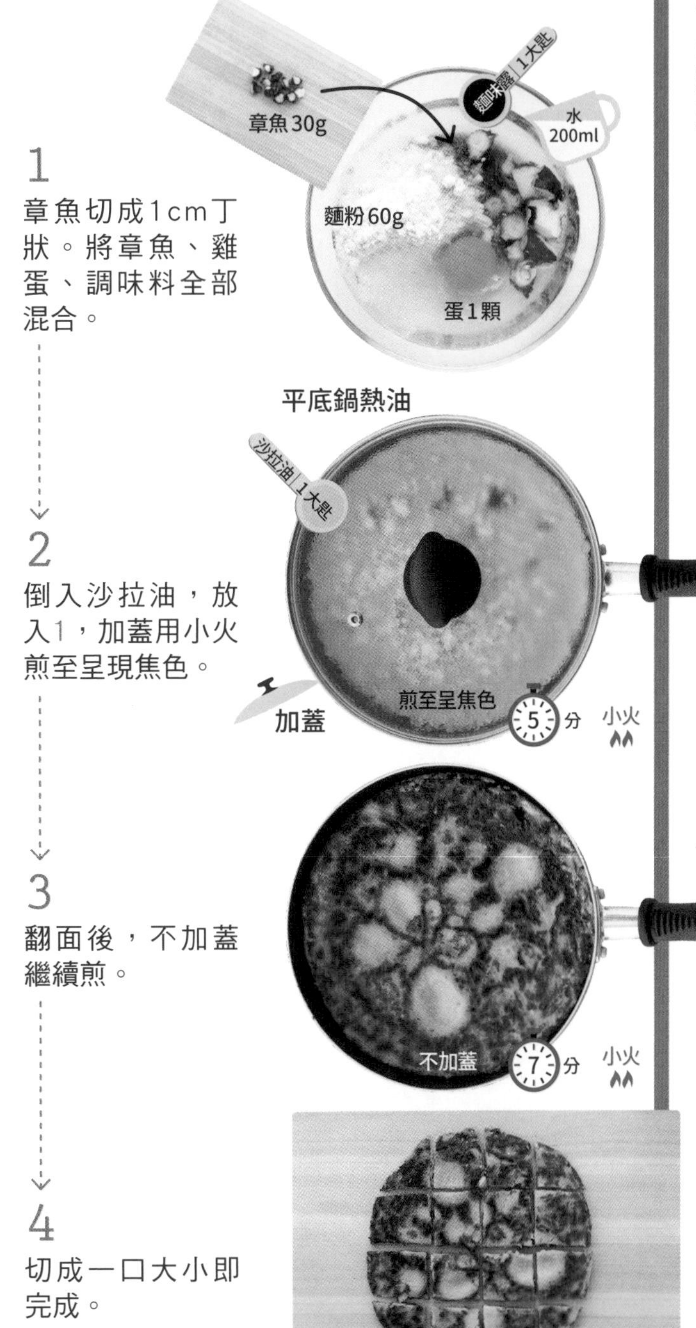

1
章魚切成1cm丁狀。將章魚、雞蛋、調味料全部混合。

2
倒入沙拉油，放入1，加蓋用小火煎至呈現焦色。

3
翻面後，不加蓋繼續煎。

4
切成一口大小即完成。

順手加菜

高湯明石燒

將和風高湯粉1/2小匙和水150ml煮滾淋上去，就是一道明石燒（明石市的鄉土料理，類似章魚燒。）！

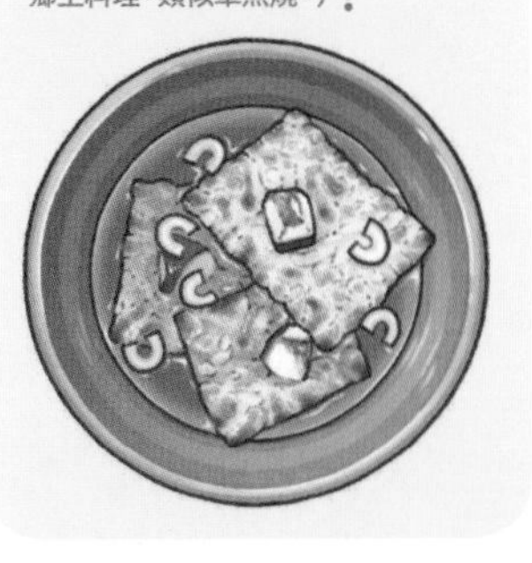

＊翻面的時候，用盤子蓋住鍋子，整個翻過來，再讓盤上的麵糊滑回鍋中，就可以輕鬆翻面！

＊用牙籤叉著吃，感覺更像章魚燒。

一品料理

no. 

加愈多起司愈美味
蜂蜜披薩

麵團材料(1片份)

- ☆麵粉(高筋)⋯⋯150g＋1～3大匙(手粉)
- ☆橄欖油⋯⋯1大匙
- ☆砂糖⋯⋯1小匙
- ●牛奶⋯⋯80ml

煎製用

- ●橄欖油⋯⋯1大匙

材料

- ●披薩用起司⋯⋯喜好的量(約40g)
- ●蜂蜜⋯⋯喜好的量(約20g)

推薦配料

- ●胡桃
- ●粗磨黑胡椒
- ●巴西里

順手加菜

美乃滋玉米披薩

取代蜂蜜，放上美乃滋和玉米粒也很美味！

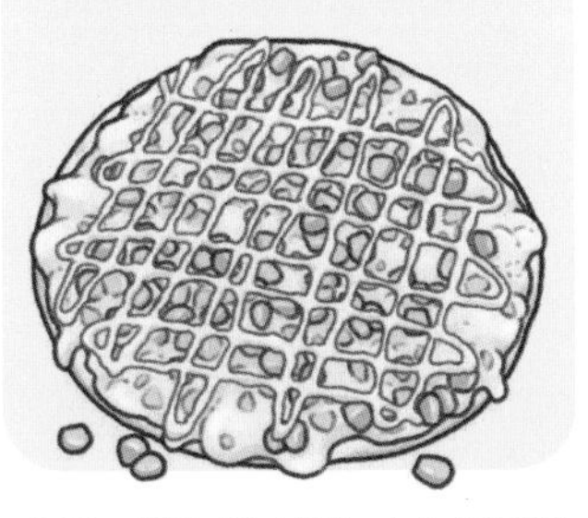

＊麵團一般使用溫水製作，本食譜使用牛奶，可以讓口感更為鬆軟。

1

將☆放入大碗內拌勻，分次少量加入牛奶，用手搓揉7分鐘。放入冰箱冷藏10分鐘。

包上保鮮膜　大碗　砂糖 1小匙　高筋麵粉 150g　橄欖油 1大匙　牛奶 80ml　7分

2

撒上手粉，將1擀開。

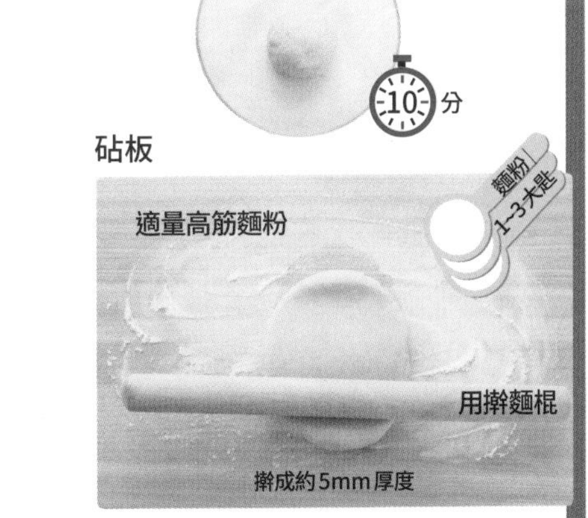

3

倒入橄欖油，加蓋以小火和中火之間的火力煎披薩皮。

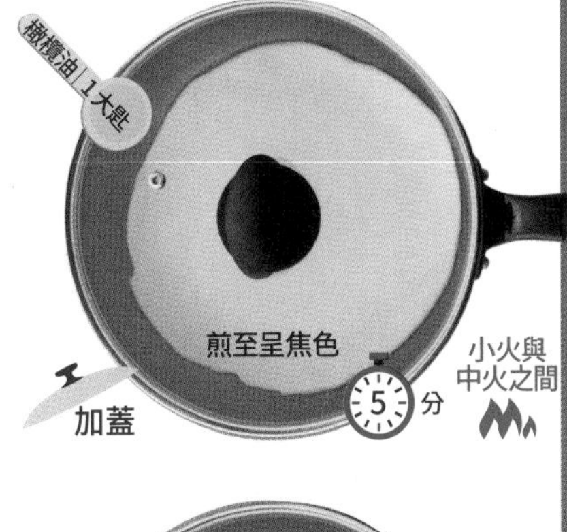

4

將麵皮翻面，放上起司，以小火煎。

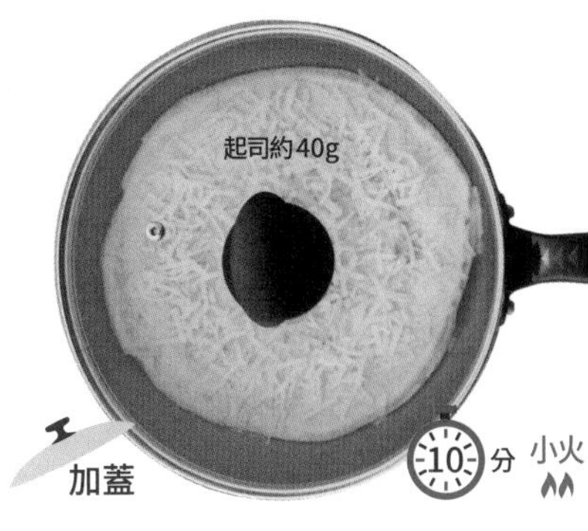

盛盤後淋上蜂蜜即完成。

一品料理

no. 4

與茄子和番茄是絕配！

家庭香蒜披薩

麵團材料（1片份）

- ☆麵粉（高筋）……150g＋1～3大匙（手粉）
- ☆橄欖油……1大匙
- ☆砂糖……1小匙
- ●牛奶……80ml

煎製用

- ●橄欖油……1大匙

材料

- ●番茄……1顆
- ●茄子……1小條
- ●披薩用起司……喜好的量（約60g）

披薩醬

- ●軟管裝大蒜泥……3cm
- ●番茄醬……2大匙

煎製用

- ●橄欖油……1大匙

推薦配料

- ●起司粉
- ●羅勒
- ●乾燥義大利巴西里

順手加菜

和風照燒茄子披薩

用醬油和味醂炒配料的茄子，用美乃滋和青海苔取代披薩醬，就是一道照燒披薩！

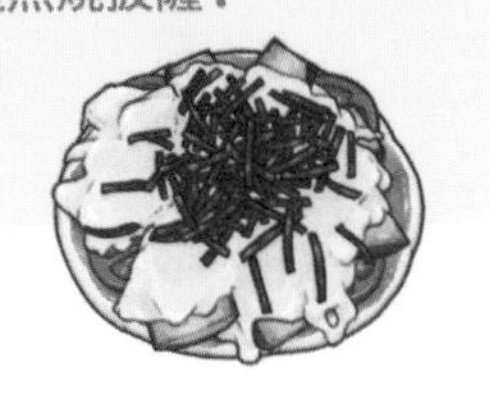

1

將☆放入大碗內拌勻，分次少量加入牛奶，用手搓揉7分鐘。放入冰箱冷藏10分鐘。

2

撒上手粉，將1擀開。茄子和番茄切圓片。茄子以橄欖油煎過。

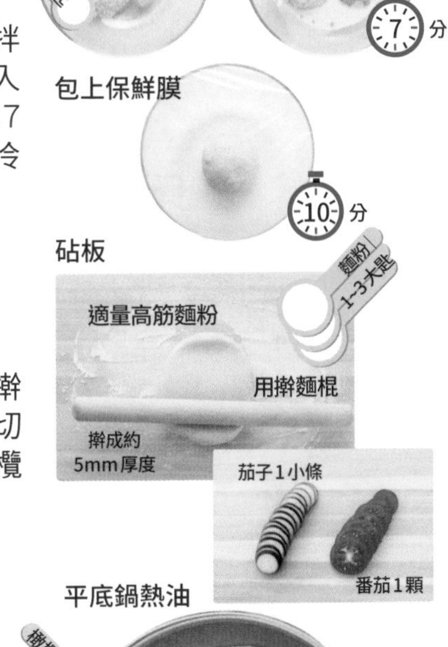

3

倒入橄欖油，加蓋以小火和中火之間的火力煎披薩皮。

4

披薩皮翻面，依序放入混和軟管裝大蒜泥和番茄醬的披薩醬、起司、番茄、茄子，以小火煎烤。

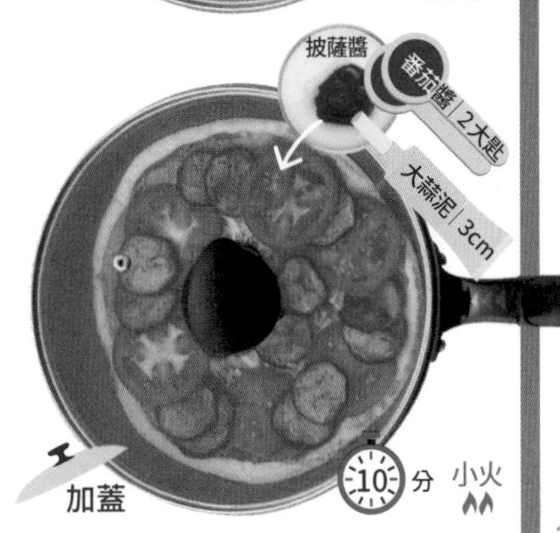

＊番茄醬裡加入大蒜泥，就可以輕鬆做出美味的披薩醬。如果能加入鯷魚，會更加鮮美！

一品料理

no. 

香脆Q彈
韓式韭菜煎餅

材料

- 韭菜……1/2把
- 紅蘿蔔……1/4條

調味料

- ●水……1大匙
- ☆麵粉……100g
- ☆太白粉……3大匙
- ☆和風高湯粉……1小匙
- ☆水……200ml

煎製用

- 芝麻油……1大匙

沾醬

- 柚子醋醬油……1大匙
- 芝麻油……1小匙
- 辣油……2〜3滴

推薦配料

- 炒白芝麻

順手加菜

烤韭菜

將剩下的韭菜用鋁箔紙包起來，以平底鍋煎烤，滴上醬油，相當美味！

＊麵糊加入高湯粉，可以增添清淡的滋味。
＊沾醬只用柚子醋醬油，也十分清爽美味。

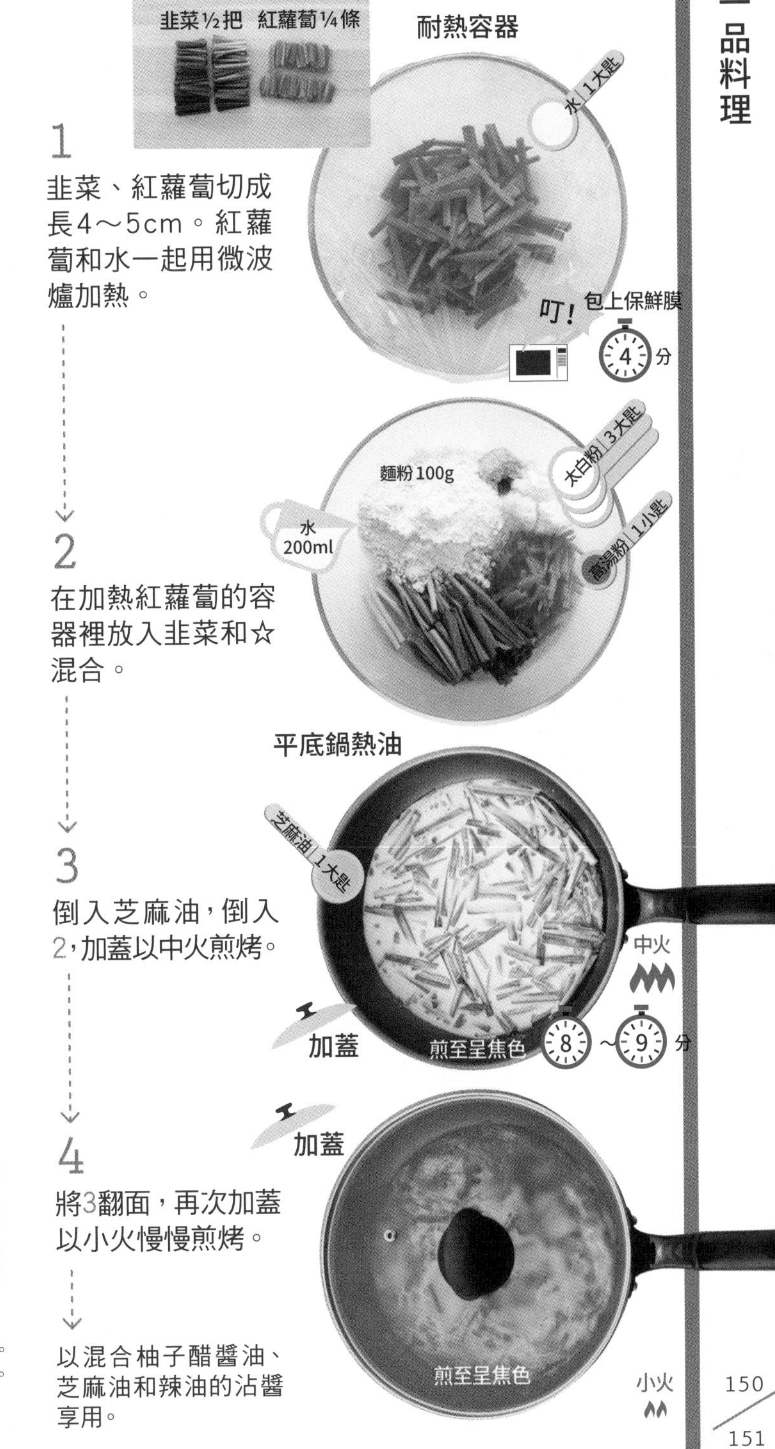

1

韭菜、紅蘿蔔切成長4〜5cm。紅蘿蔔和水一起用微波爐加熱。

2

在加熱紅蘿蔔的容器裡放入韭菜和☆混合。

3

倒入芝麻油，倒入2，加蓋以中火煎烤。

4

將3翻面，再次加蓋以小火慢慢煎烤。

以混合柚子醋醬油、芝麻油和辣油的沾醬享用。

一品料理

no. 6

鬆鬆軟軟
煎蛋三明治

材料

- 吐司(約1.5cm厚)……2片
- 雞蛋……2顆

調味料

- 美乃滋……2大匙
- 番茄醬……1小匙

煎蛋用

- 沙拉油……1小匙

推薦配料

- 粗磨黑胡椒
- 義大利巴西里

1
將美乃滋和番茄醬混合。

2
把1抹在吐司上。

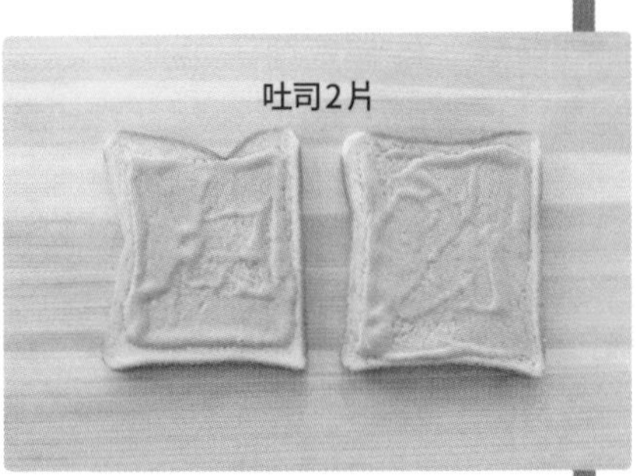

3
雞蛋打散。倒入沙拉油，用小火煎兩面。

熱好的平底鍋

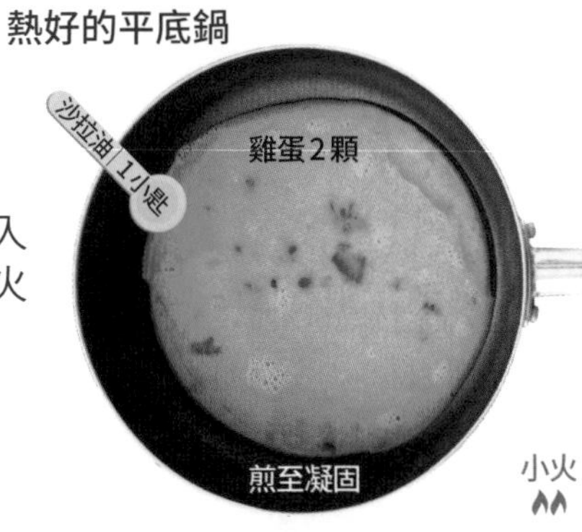

4
煎蛋夾在吐司中間，以重物壓住。切成易食用的大小即完成。

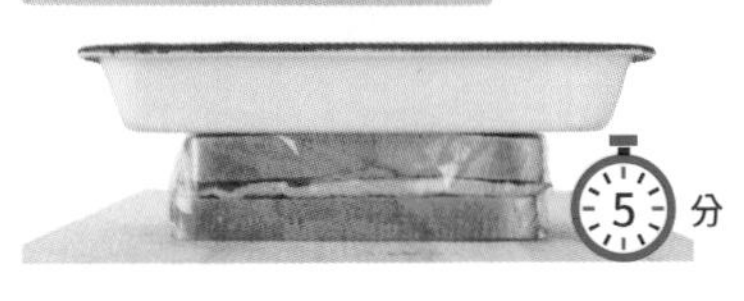

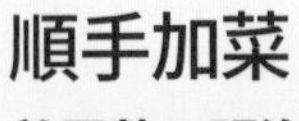

順手加菜

煎蛋熱三明治

用烤過的吐司夾起來，做成熱三明治也很美味！

一品料理

no. 7

美乃滋蛋吐司

材料

- 吐司(約1.5cm厚)……1片
- 雞蛋……1顆

調味料

- 美乃滋……1大匙

材料

- 吐司(約1.5cm厚)……1片
- 洋蔥……1/8顆
- 小番茄……2顆

調味料

- 軟管裝大蒜泥……2cm
- 番茄醬……1大匙
- 胡椒鹽……撒2下的量
- 披薩用起司……喜好的量(約20g)

推薦配料

- 巴西里

一品料理

no. 8

混合抹上便完成！滿滿的起司！

披薩吐司

美乃滋蛋吐司

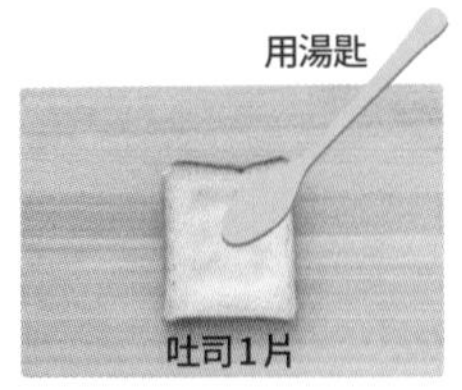

1
用湯匙底部壓平吐司中央。

2
抹上美乃滋。

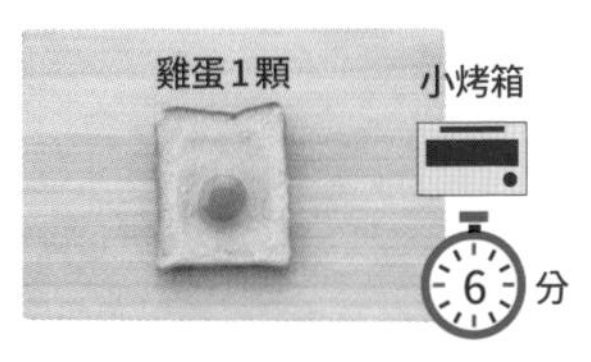

3
將雞蛋打入吐司凹處，用小烤箱烤6分鐘即完成。

＊即使蛋黃破掉，直接放入烤箱烤，凝固的蛋黃一樣美味。

順手加菜

焗烤麵包

將剩下的吐司撕碎，和牛奶150ml、雞湯粉1/2小匙一起放入焗烤容器，撒上起司，淋上美乃滋，放入烤箱烤至金黃色，就是一道焗烤麵包！

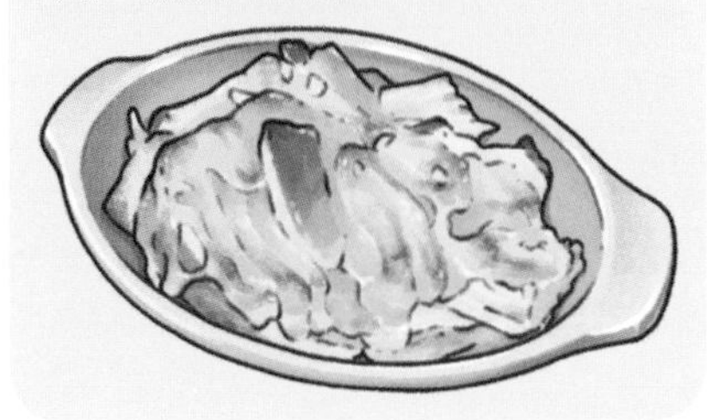

披薩吐司

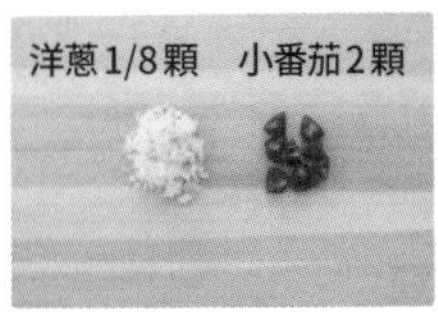

1
洋蔥切末，小番茄切小塊。

2
將1和軟管裝大蒜泥、番茄醬、胡椒鹽混合。

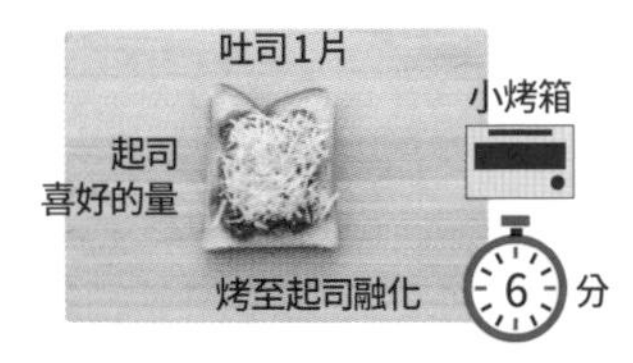

3
依2、起司的順序放上吐司，以小烤箱烤。

＊在製作披薩醬的步驟時順便放入配料，就可以輕鬆做出美味的披薩醬！

順手加菜

簡易和風洋蔥沙拉

將剩下的洋蔥切薄片泡水，拭去水分，拌入美乃滋1大匙、柴魚、醬油1小匙，做成洋蔥沙拉，美味可口！

至高的咖哩

不管是印度絞肉咖哩還是湯咖哩，其實都非常簡單。
不需要特別的香料，也沒有困難的步驟！
本章介紹完全使用隨手可得的材料製作的四種咖哩。

咖哩

no. 

無與倫比的美味

和風印度絞肉咖哩

材料(2~3人份)

- ●絞肉⋯⋯100g
- ●咖哩塊⋯⋯2塊
- ☆洋蔥⋯⋯1/2顆
- ☆紅蘿蔔⋯⋯1/2條
- ☆大蒜⋯⋯1瓣
- ☆生薑⋯⋯1塊

調味料

- ●水⋯⋯1大匙＋200ml
- ●麵味露⋯⋯1大匙
- ●胡椒鹽⋯⋯1小匙

炒料用

- ●沙拉油⋯⋯1大匙

推薦配料

- ●白飯
- ●蛋黃
- ●巴西里

順手加菜

絞肉咖哩拿坡里義大利麵

將剩下的絞肉咖哩與義大利麵及番茄醬混合，就是一道絞肉咖哩拿坡里義大利麵！

＊咖哩塊使用中辛口味。本食譜的材料與分量是以中辣為前提，可以依各人口味進行調整。

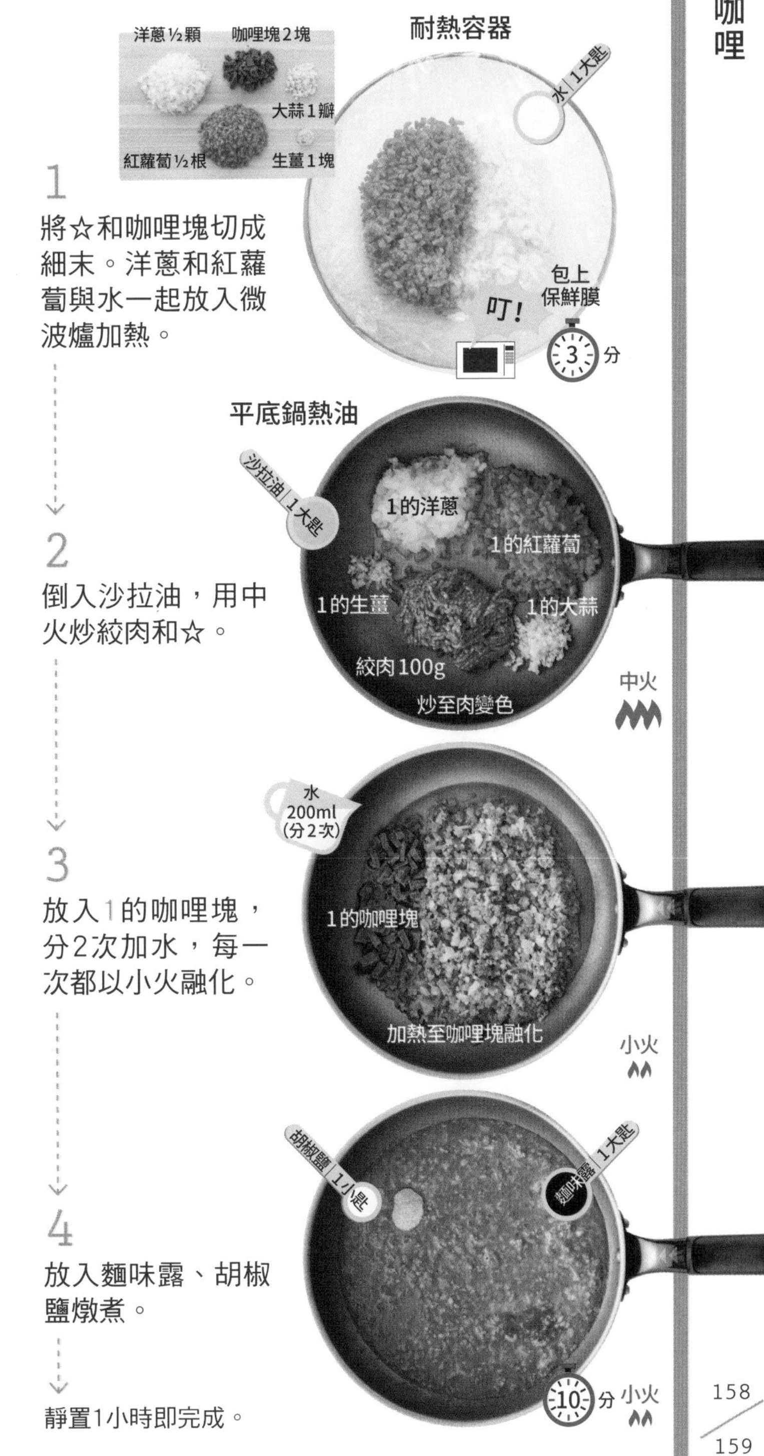

1

將☆和咖哩塊切成細末。洋蔥和紅蘿蔔與水一起放入微波爐加熱。

2

倒入沙拉油，用中火炒絞肉和☆。

3

放入1的咖哩塊，分2次加水，每一次都以小火融化。

4

放入麵味露、胡椒鹽燉煮。

靜置1小時即完成。

咖哩

no. 2

超經典！秘密極品
湯咖哩

材料(2~3人份)

◇雞翅……5支
●洋蔥……1/2顆
◇紅蘿蔔……1根
◇馬鈴薯……1顆

調味料

●水……1大匙＋600ml
☆咖哩塊……1塊
☆軟管裝大蒜泥……
5～6cm
☆咖哩粉……1大匙
☆番茄醬……1小匙
◇雞湯粉……1小匙

炒料用

●奶油……1大匙

推薦配料

●白飯
●溏心蛋
●茄子(切成適當大小油煎)

順手加菜

咖哩燉飯

將白飯和起司放入湯咖哩中一起煮，就成為一道咖哩燉飯！

1

洋蔥切細末，與水一起用微波爐加熱。紅蘿蔔、馬鈴薯切成一口大小。

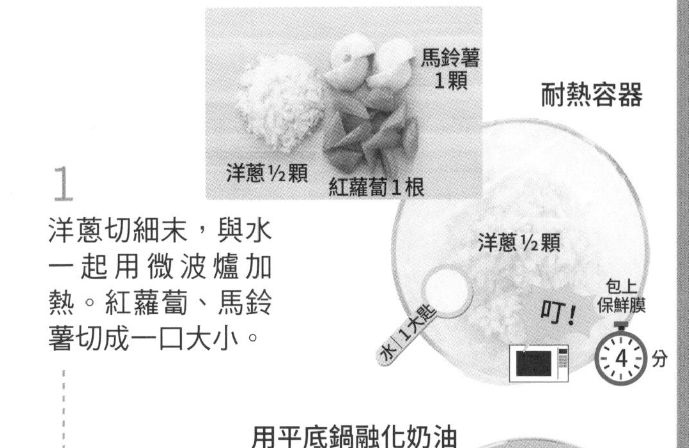

2

奶油放入平底鍋，以小火炒☆和洋蔥，直到調味料入味。

3

放入◇和水加蓋，以中火煮至沸騰。

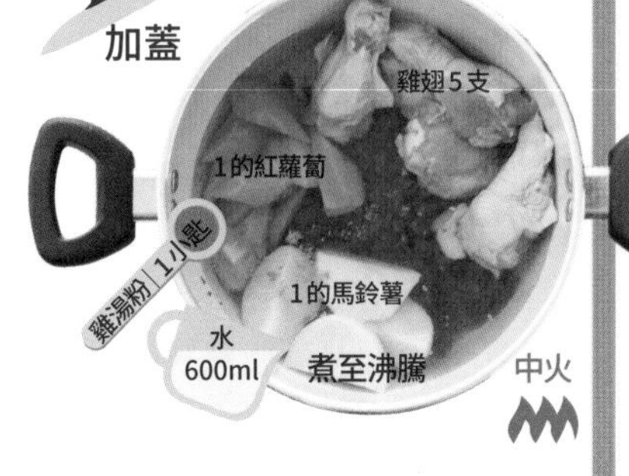

4

以小火燉煮15分鐘即完成。

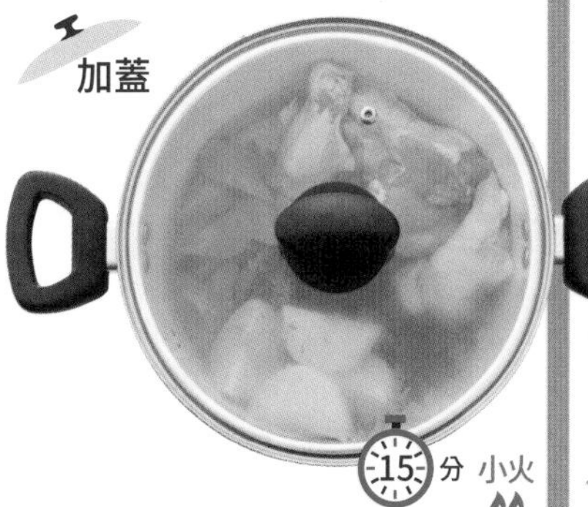

咖哩

no. 3

一如往日的懷念滋味！

營養午餐咖哩

材料(4人份)

☆切塊雞腿肉⋯⋯100g
●洋蔥⋯⋯1顆
●馬鈴薯⋯⋯2顆
●紅蘿蔔⋯⋯1根

調味料

☆橄欖油⋯⋯1大匙
☆雞湯粉⋯⋯1小匙
☆水⋯⋯800ml
●麵粉⋯⋯50g
●咖哩粉⋯⋯20g
●鹽⋯⋯2/3小匙

炒料用

●奶油⋯⋯50g

推薦配料

●白飯
●綠色沙拉
●小番茄
●甜玉米粒
●巴西里

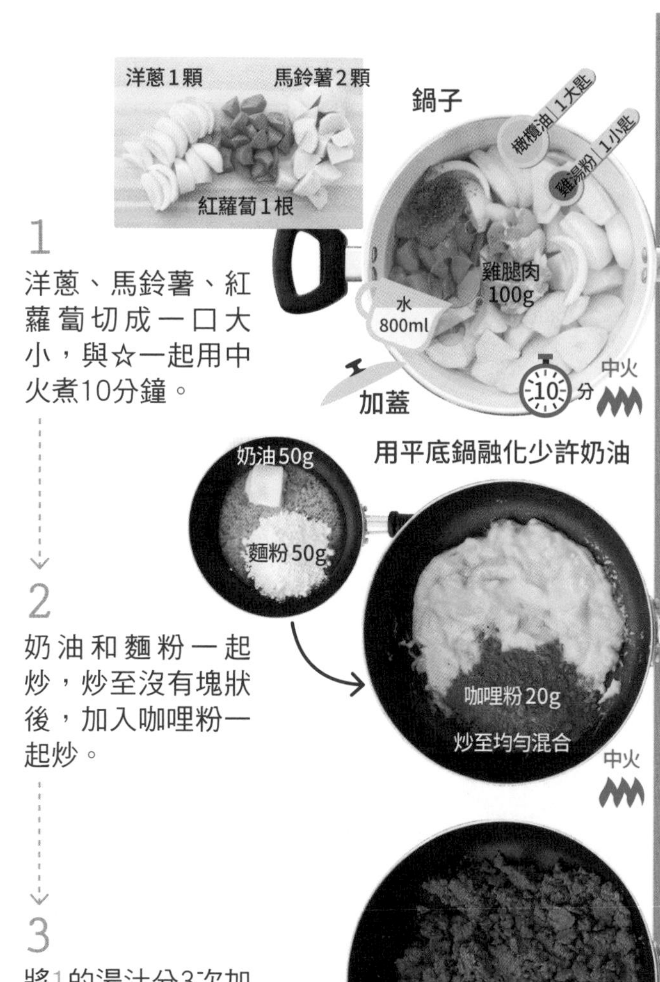

1
洋蔥、馬鈴薯、紅蘿蔔切成一口大小，與☆一起用中火煮10分鐘。

2
奶油和麵粉一起炒，炒至沒有塊狀後，加入咖哩粉一起炒。

3
將1的湯汁分3次加入，1次50ml，每次皆攪拌均匀。

4
將3與鹽巴加入1的鍋中，以中火煮10分鐘即完成。

順手加菜

咖哩烏龍麵

將鍋底剩下的咖哩加入水和麵味露融化，就可以做成咖哩烏龍麵！

咖哩

no. 4

徹底發揮牛肉甘甜的

牛肉咖哩

材料（4人份）

- 牛腩薄片……150g
- 洋蔥……1顆

調味料

- 優格……2大匙
- 水……1大匙＋700ml
- 軟管裝大蒜泥……5～6cm

☆甘口咖哩塊……2塊
☆辛口咖哩塊……2塊

炒料用

- 奶油……1大匙

推薦配料

- 白飯
- 醃菜
- 巴西里

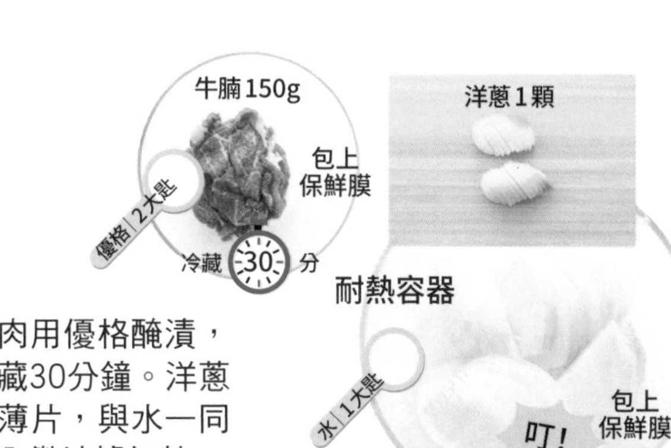

1

牛肉用優格醃漬，冷藏30分鐘。洋蔥切薄片，與水一同放入微波爐加熱。

2

奶油放入鍋中融化，以中火炒洋蔥和大蒜泥。

鍋子
大蒜泥｜5~6cm
1的洋蔥
奶油｜1大匙
炒至洋蔥變焦糖色
中火

3

加入☆和水、牛肉及優格一起煮。

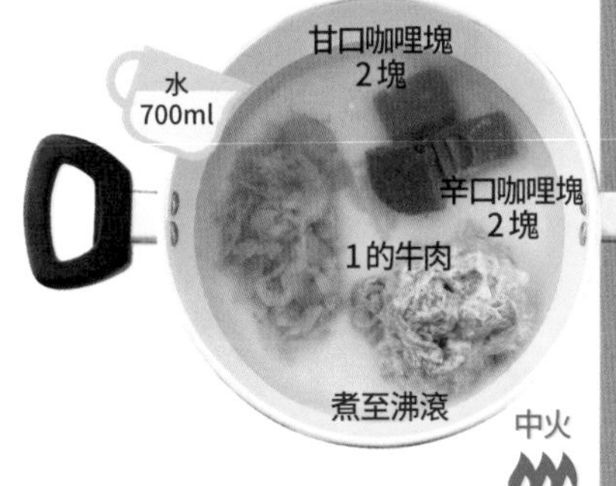

4

加蓋轉小火繼續燉煮即完成。

＊混合甘口咖哩和辛口咖哩，讓味道更有層次。
＊個人推薦甘口使用佛蒙特咖哩，辛口使用爪哇咖哩的咖哩塊。

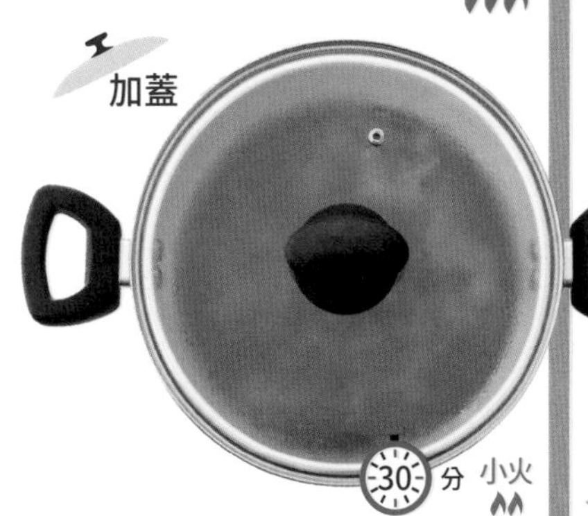

順手加菜

咖哩焗飯

將剩下的牛肉咖哩和雞蛋、起司一起放在白飯上，用微波爐加熱，便是一道咖哩焗飯！

犒賞
自己的甜點

說到做甜點，就是買來各種材料，
遵守食譜的分量和步驟，亦步亦趨，一點都馬虎不得。
不過本章要介紹的甜點，做法全都簡單到不行。
從解饞的小點，到適合正式茶會的糕點，應有盡有。
請務必挑戰、享受這些「簡單到讓人想做做看」的道地甜點。

甜點
no. 1
濃郁濕潤
巧克力蛋糕

材料（直徑15cm的圓型蛋糕模1個份）

- 黑巧克力…… 100g
- 雞蛋…… 2顆
- 麵粉…… 40g
- 奶油…… 60g
- 砂糖…… 20g

推薦配料

- 柳橙
- 糖粉
- 綜合堅果
- 薄荷

1
雞蛋打散。

雞蛋2顆

2
巧克力和奶油隔水加熱拌勻，巧克力融化後，加入砂糖混合。

巧克力100g
奶油60g
隔水加熱
砂糖 20g

3
從隔水加熱的容器取出，將1分2次倒入其中混合，撒入麵粉，大略攪拌。

分2次
麵粉40g 過篩倒入
以樹脂抹刀大略攪拌

4
將3倒入蛋糕模中，以180度的烤箱加熱即完成。

＊若不使用黑巧克力，一般巧克力也可以。

180度
20～30分
竹籤不會沾上麵糊即完成

順手加菜

如果有剩下的巧克力蛋糕，加上鮮奶油或P171的冰淇淋，就變身為一道聖代！

甜點

no. 2

發揮蘋果原本的香甜

烤蘋果

材料（1人份）

- 蘋果……1顆

烤蘋果用

- 奶油……20g

推薦配料

- 冰淇淋
- 細香菜芹

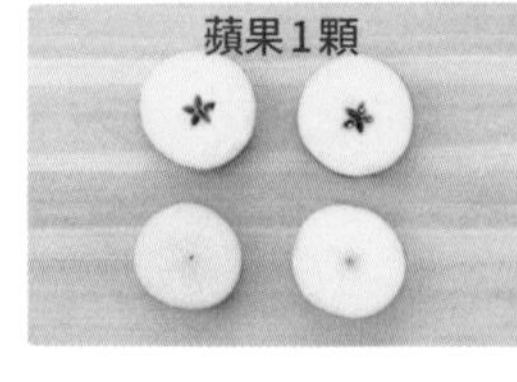

1
蘋果橫切成4等分。

以平底鍋融化奶油

2
抹上奶油，以中火將蘋果煎成金黃色即完成。

＊超市賣的蘋果通常都有蜜，因此完全不加糖，甜味也十分足夠。不加糖的甜度恰到好處，更能享受到蘋果原有的天然風味。

順手加菜

烤蘋果吐司

將烤蘋果和巧克力放在吐司上以烤箱加熱，也非常美味！

甜點

no. 3

只需要三樣材料！

香濃香草冰淇淋

順手加菜

冰淇淋三明治

用餅乾夾香草冰淇淋享用，也很美味！

材料（容易製作的分量）

- 鮮奶油……200ml
- 雞蛋……1顆
- 砂糖……35g

推薦配料

- 薄荷

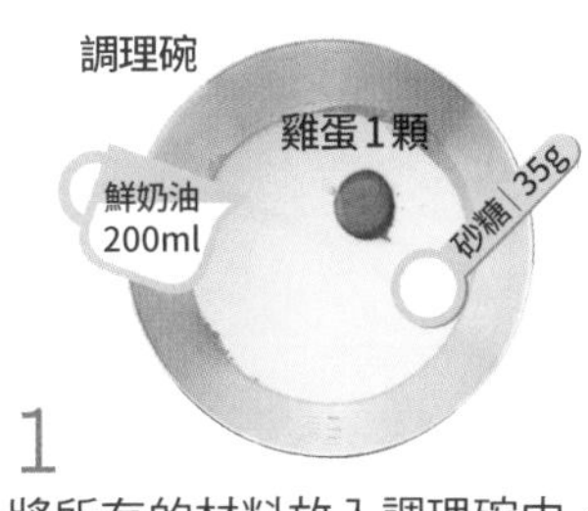

1
將所有的材料放入調理碗中。

2
使盡全力將1攪拌至提起攪拌器時鮮奶油立起不下垂。

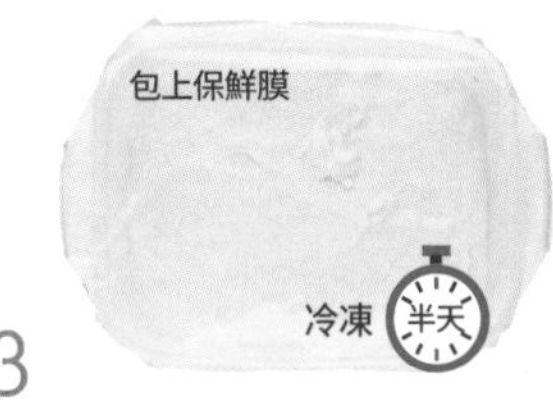

3
倒入容器，放進冷凍室冰起即完成。

甜點

終極的鬆軟口感
鬆餅

材料(3~4人份)

- ●雞蛋……2顆
- ●砂糖……1大匙
- ☆麵粉……50g
- ☆牛奶……40ml
- ☆砂糖……1大匙

煎製用

- ●奶油……1大匙
- ●水……1大匙+1大匙

推薦配料

- ●鮮奶油
- ●優格
- ●藍莓醬
- ●草莓
- ●糖粉
- ●橙皮

1
將雞蛋分成蛋黃和蛋白。蛋白加入砂糖混合，打成蛋白霜。

2
將☆加入1的蛋黃攪拌，1的蛋白霜分成2次加入拌勻。

3
融化奶油，倒入麵糊，將水倒入麵糊之間，以中火煎。

4
翻面，將水倒入麵糊之間，轉小火蒸烤後完成。

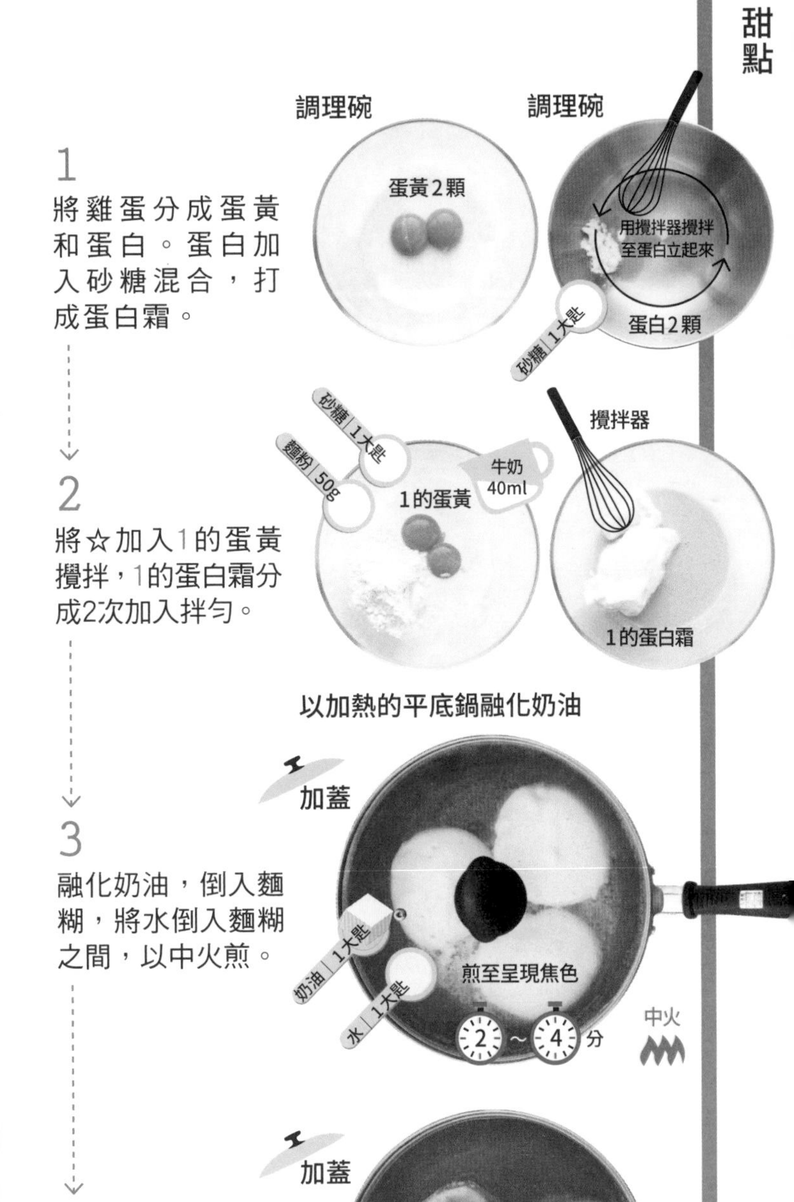

變化食譜

主餐鬆餅

配上火腿蛋，就可以把鬆餅當成主餐享用！

＊不另加配料時，砂糖的量也可以再增加一些。
＊將蛋白霜打到不能再多，就可以做出美味鬆軟的鬆餅！

甜點

no. 5

溫柔的甜味

簡易香蕉蒸蛋糕

順手加菜

不需要果汁機的簡易香蕉牛奶

香蕉折成小段，包上保鮮膜以微波爐加熱後，搗碎與牛奶混合，就是一道香蕉牛奶！

＊使用較小、深度統一的耐熱容器，就不容易失敗！

材料（直徑8cm的小烤皿4～5個份）

- 香蕉……1根
- 鬆餅粉……150g
- 雞蛋……1顆
- 牛奶……100ml
- 砂糖……2大匙

推薦配料

- 香蕉
- 杏仁片
- 糖粉
- 可可粉

1
把香蕉搗碎。

鬆餅粉150g
用木杓等
牛奶 100ml
砂糖 2大匙
雞蛋1顆

2
把1和全部的材料大略拌勻後，倒入小烤皿中。

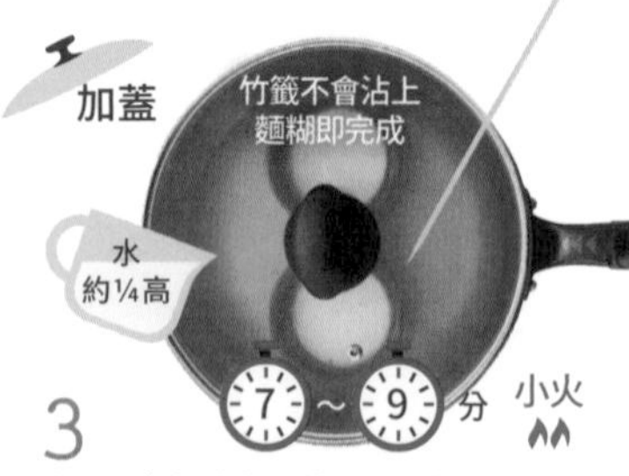

3
在平底鍋倒入約1/4高度的水（分量外）加熱至沸騰，與烤皿一同用小火蒸熟即完成。

甜點

no. 6

全世界最簡單的
巧克力杯子蛋糕

材料（直徑12x深5cm的容器1個份）

- ●鬆餅粉……30g
- ●牛奶……50ml
- ●巧克力……5g
- ●砂糖……1大匙
- ●可可粉……1大匙
- ●橄欖油……1大匙

推薦配料

- ●糖粉

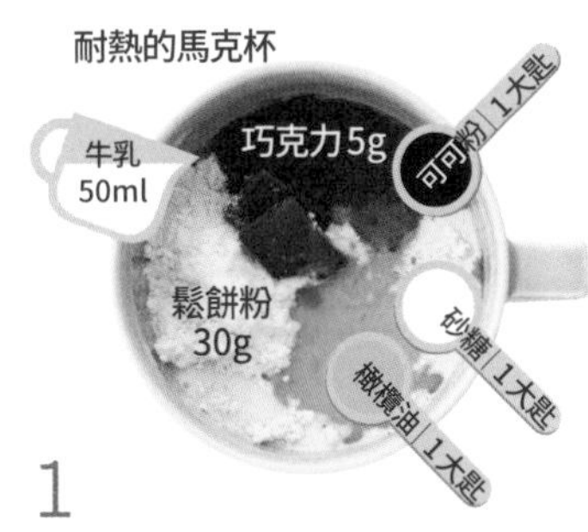

1
將全部的材料放入馬克杯中混合。

2 1～2分
以微波爐加熱便完成。

＊推薦使用黑巧克力，可以做出甜味高雅、滋味更有深度的蛋糕。

順手加菜

熱巧克力

剩下的巧克力加入牛奶，以微波爐加熱後，就是一杯熱巧克力！

甜點

no. 

淡淡的甜蜜 牛奶凍

材料（100ml的容器3個份）

- 牛奶⋯⋯300ml
- 明膠⋯⋯5g
- 水⋯⋯50ml
- 砂糖⋯⋯2大匙

推薦配料

- 薄荷

1
明膠加水溶化。

2
放入牛奶、砂糖攪拌。

3
以小火加熱，一邊輕柔地攪拌。

4
倒入容器，置於常溫降溫後，再放入冰箱使其凝固即完成。

＊減少砂糖的量，食用時附上果醬取代，也很美味喔！

順手加菜

咖啡牛奶凍

在製作過程中加入1小匙即溶咖啡，就可以變身為咖啡牛奶凍！

甜點

no. 8

非比尋常的美味
家庭布丁

材料（1人份）

布丁
- 牛奶……300ml
- 砂糖……40g
- 雞蛋……3顆

糖漿
- 砂糖……40g
- 水……3大匙
- 熱水……1小匙

推薦配料
- 細菜香芹

糖漿做法

耐熱容器

砂糖 40g

水 3大匙

叮！

加熱至變成牛奶糖色

2分30秒

砂糖與水混合，用微波爐加熱。

熱水 1小匙

加入熱水

邊攪拌邊倒入布丁容器

15分

放涼後置入冰箱冷藏

布丁做法

1
牛奶與砂糖混合，以微波爐加熱。用攪拌器確實打散雞蛋，和牛奶混合。

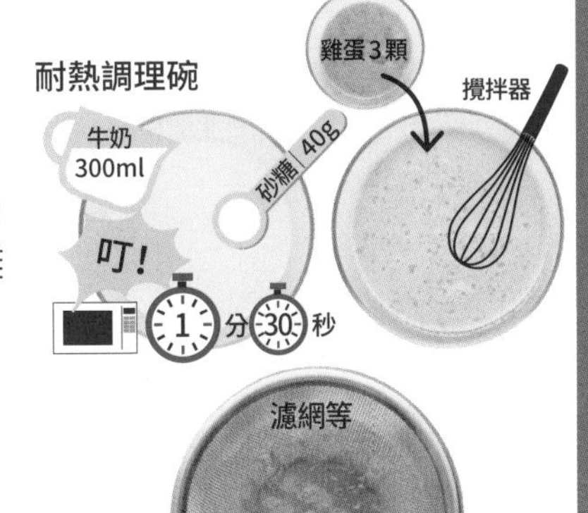

2
以篩網過濾後，倒入已放有糖漿的布丁容器。

濾網等

3
平底鍋倒入約容器一半高度的水（分量外），沸騰之後，連同容器一起用小火蒸。

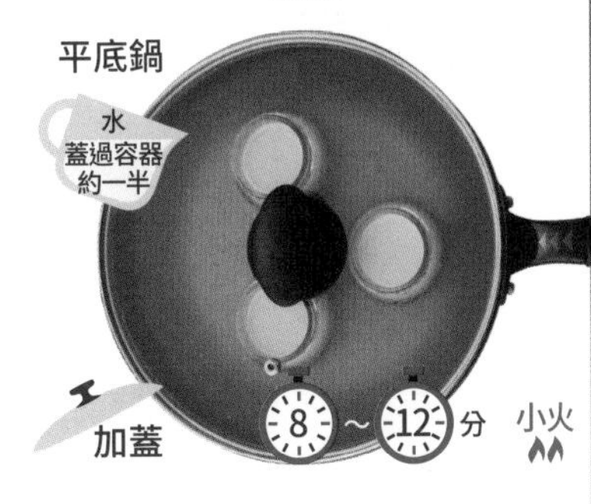

4
在室溫放涼後放入冰箱冷藏即完成。

變化食譜

法式布丁

加入鮮奶油或罐頭水果，就變成一道法式布丁甜點！

甜點

no. 9

簡單的道地和菓子
地瓜羊羹

材料（10x8cm的容器1個份）

- 地瓜……2條（約250g）
- 水……蓋過地瓜的量
- 砂糖……30g
- 牛奶……20ml

推薦配料

- 炒黑芝麻
- 炒白芝麻

1
地瓜削皮，切成1cm丁狀。和水一起用微波爐加熱。

2
瀝去地瓜的水氣。

3
用湯匙壓碎地瓜，加入砂糖和牛奶攪拌。

4
放入容器，用保鮮膜貼住表面，放入冰箱冷藏即完成。

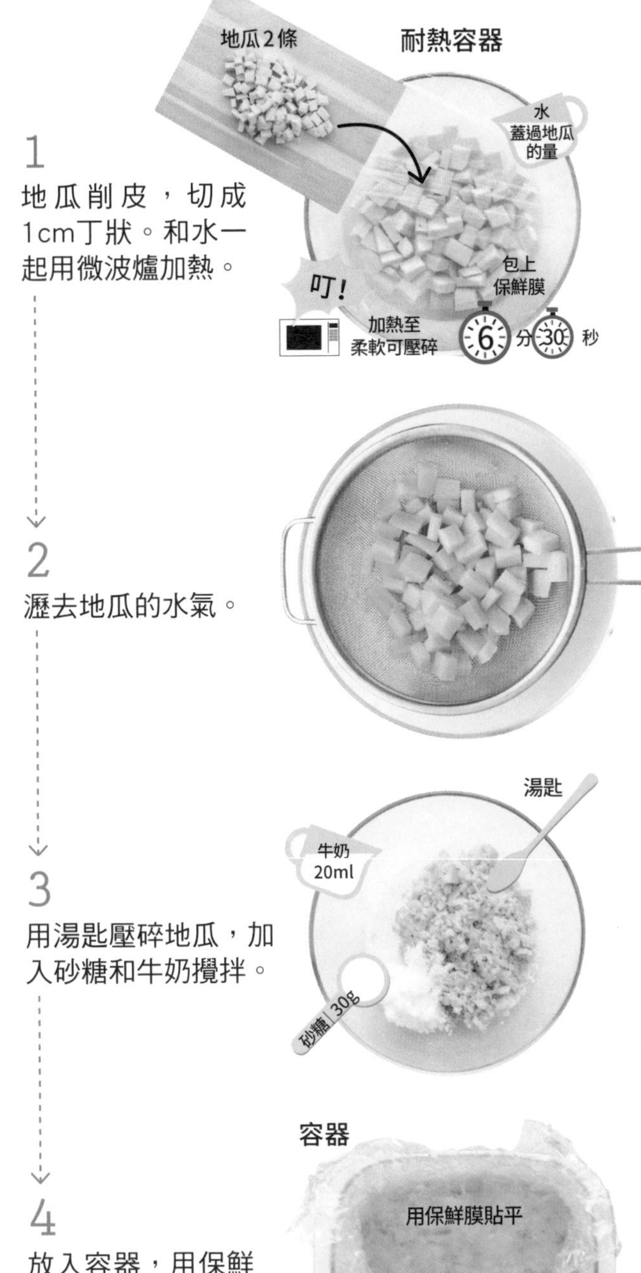

變化食譜

以平底鍋稍微煎出焦色，放上奶油食用，就是美味的甜地瓜！

迷人的濕潤口感

麵包「粉」蛋糕

材料（1人份）

- 麵包粉……20g
- 牛奶……80ml
- 雞蛋……1顆
- 砂糖……1大匙

煎烤用

- 沙拉油……1小匙

推薦配料

- 鮮奶油
- 草莓

1
麵包粉加入牛奶中浸泡。

2
將雞蛋、砂糖加入1混合。

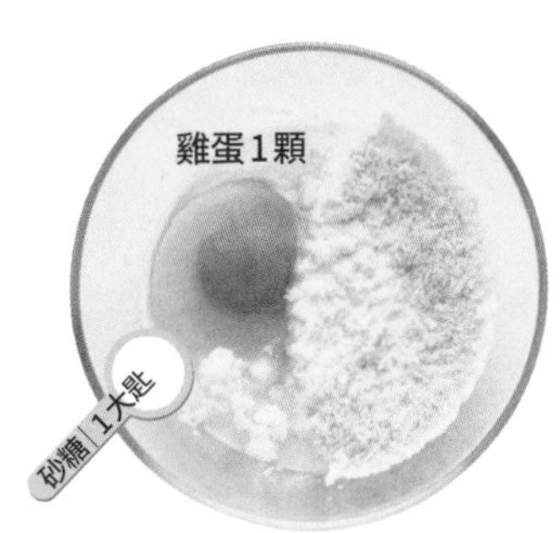

3
平底鍋倒入沙拉油，以中火煎至呈現焦色。

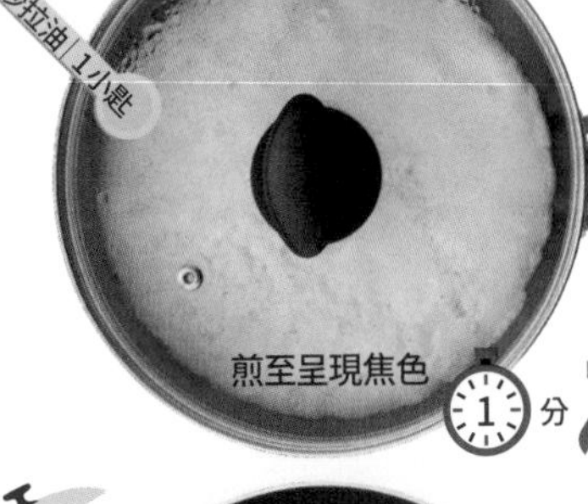

4
加蓋後以小火續煎，折成兩半即完成。

＊本食譜的配方，不必追加蜂蜜等甜味也很好吃，不過減少砂糖的量，配上果醬食用也很美味！

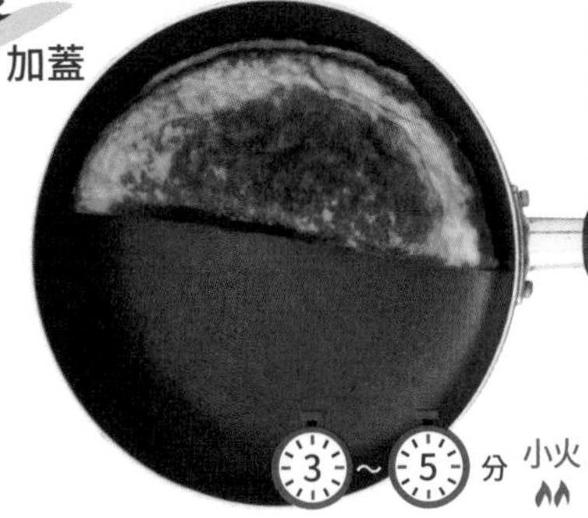

變化食譜

蛋包香蕉蛋糕

在折成兩半時，夾入香蕉或鮮奶油，就變身為蛋包香蕉蛋糕！

甜點

no. 11

不必醒麵，立刻就可完成

道地巧克力片餅乾

變化食譜

杏仁餅乾

用杏仁取代巧克力，就可做成杏仁餅乾！

＊不用黑巧克力，普通的板狀巧克力也可以。

材料（易於製作的分量）

- 奶油……40g
- 雞蛋……1顆
- 砂糖……30g
- 黑巧克力……160g
- 鬆餅粉……150g

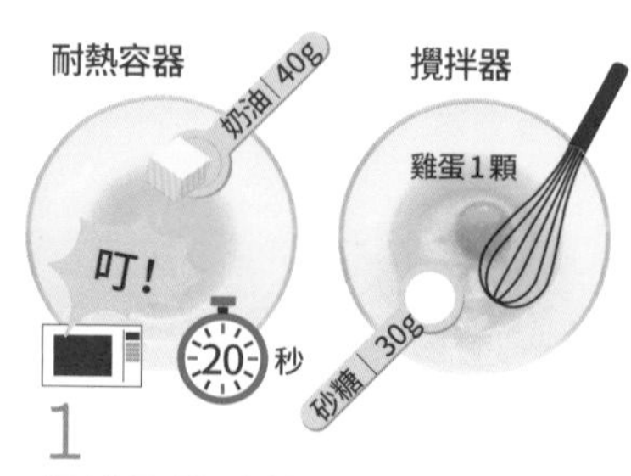

1
奶油用微波爐加熱融化，加入雞蛋與砂糖拌勻。

2
將剝碎的巧克力、鬆餅粉加入1，大略拌勻。

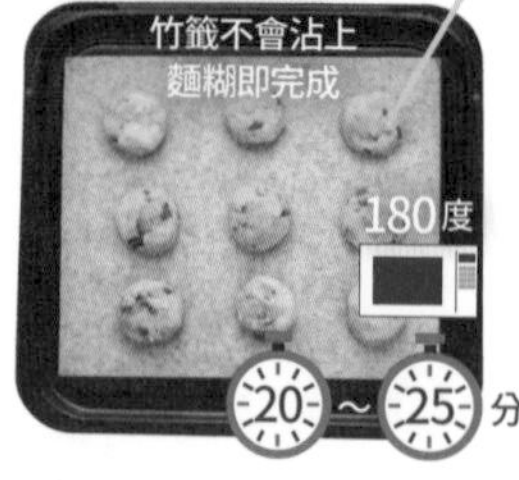

3
捏成圓餅狀，以180度的烤箱烘烤即完成。

甜點

no. 12

甜味含蓄高雅的
磅蛋糕

變化食譜

以果醬取代砂糖，就能做出水果風味的蛋糕！ex. 加入藍莓果醬，就變成藍莓蛋糕。

＊依各人喜好，用橄欖油取代奶油，可以更加突顯風味與濃郁，味道更有層次。

＊附上鮮奶油食用更美味，氣氛更優雅！

＊本食譜使用紙模。如果使用其他容器，請預先抹上10g的奶油，烤好時才容易脫模取出。

材料（6x12x深4.5cm的砂蛋糕紙模1個份）

- 雞蛋……2顆
- 砂糖……80g
- 麵粉……100g
- 奶油……90g

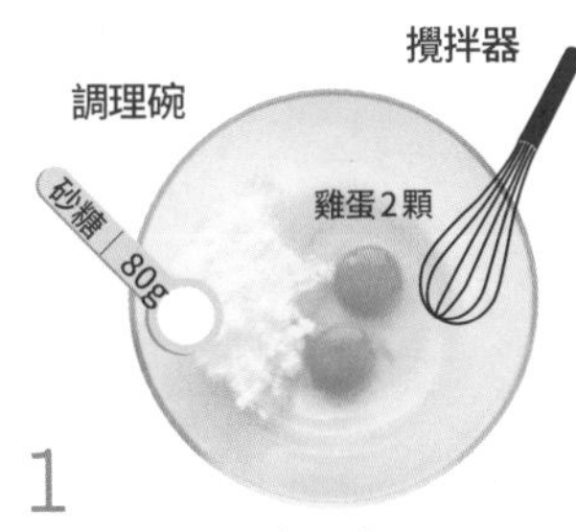

1
將雞蛋和砂糖混合。

2
麵粉過篩混合。

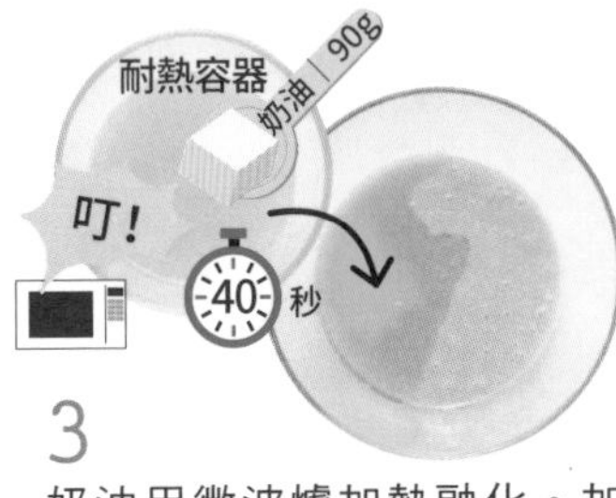

3
奶油用微波爐加熱融化。加入2攪拌。

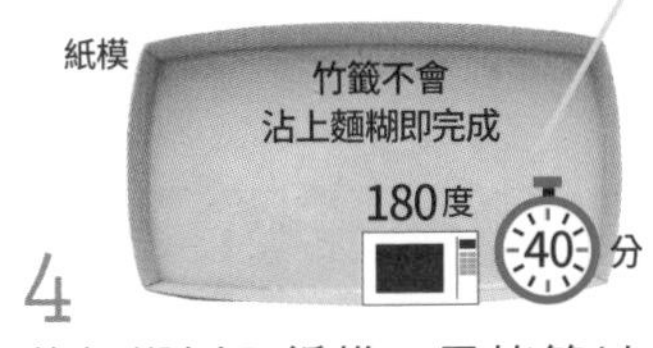

4
將麵糊倒入紙模，用烤箱以180度烘烤即完成。

甜點

no. 13

溫柔的甜味與口感！
手工餅乾

材料(易於製作的份量)

- 雞蛋……1顆
- 奶油……50g
- 砂糖……40g
- 麵粉……100g

1
雞蛋分成蛋黃與蛋白。奶油用微波爐加熱融化。

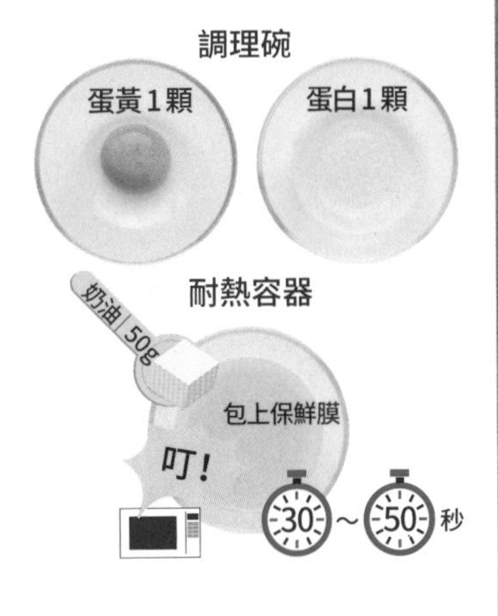

2
將砂糖與1的蛋黃混合。砂糖完全融化後,加入過篩的麵粉,並加入奶油,大略攪拌至看不到粉。

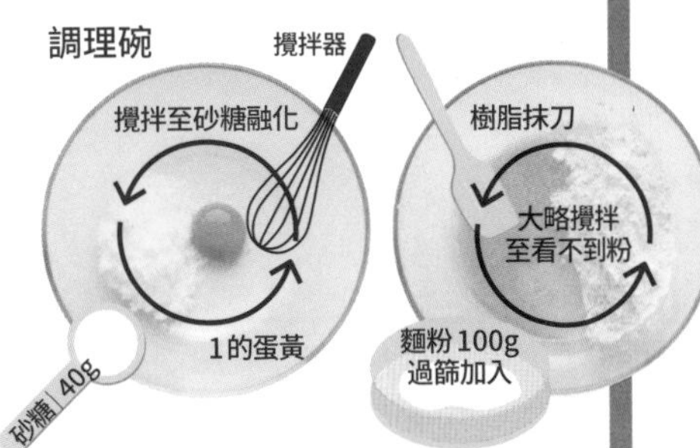

3
用保鮮膜包成圓柱狀,放入冰箱。

4
切成約5mm的厚度。放到烤盤上,表面塗抹蛋白,放入烤箱以180度烘烤。放涼之後即完成。

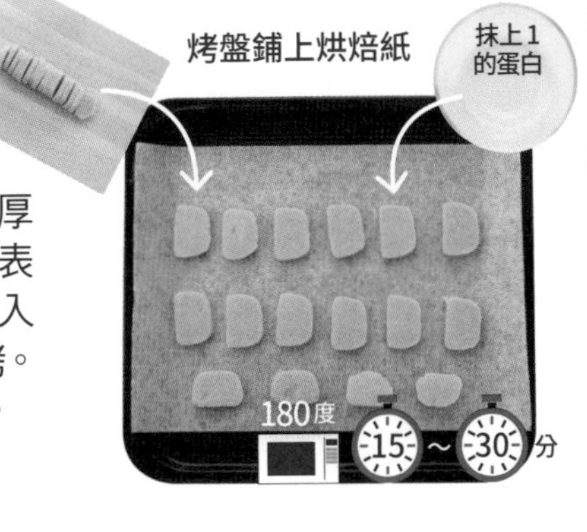

變化食譜

自創餅乾&冰淇淋

將P.171的香草冰淇淋與壓碎的餅乾混合在一起食用,酥脆的口感非常棒!

* 每個家庭的烤箱,有時即使設定成相同的溫度,火力也不同,建議先烤個15分鐘,如果還沒有熟,再繼續烤5分,以這樣的做法調整!
* 烤好之後,請不要急著立刻吃,待完全放涼以後再享用。

甜點
no. 14
以杏仁巧克力做成的
極品冰涼慕絲

材料（150ml容器1個份）

- 杏仁巧克力……1盒（約90g）
- 雞蛋……2顆

推薦配料

- 杏仁巧克力（壓碎）
- 可可粉

1

雞蛋分成蛋黃與蛋白。蛋白攪拌成蛋白霜。

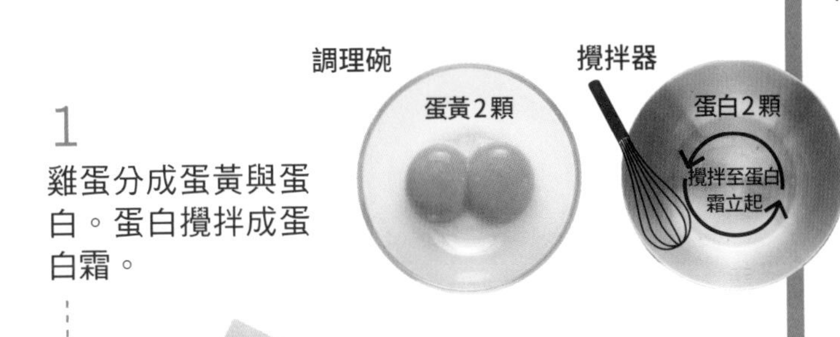

2

杏仁巧克力切碎，隔水加熱融化，加入蛋黃拌勻。

杏仁巧克力1盒

1的蛋黃

隔水加熱

3

取出隔水加熱容器，將1的蛋白霜分2次加入，每次皆充分拌勻。

4

將3倒入容器，包上保鮮膜，放入冰箱冷藏即完成。

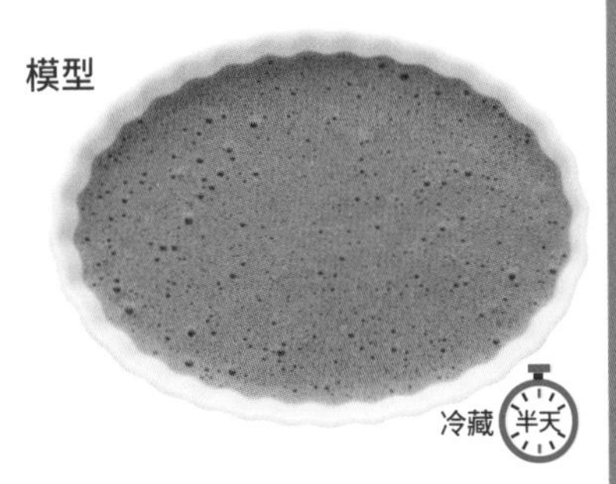

順手加菜

巧克力麵包

將巧克力慕絲抹在吐司上，就是一道巧克力麵包！

＊做冰涼的甜點時，建議使用較甜的巧克力。

100道食譜＋順手加菜的附贈食譜

用預存的蛋白製作戚風蛋糕

許多料理只要加上濃郁的蛋黃，就能更加美味，結果卻剩下一堆蛋白……
為了解決這樣的煩惱，可以將剩下的蛋白冷凍儲存起來（→P82的順手加菜）。存得夠多之後，就拿來做戚風蛋糕吧！

材料（戚風蛋糕模型1個份）

- 鬆餅粉……100g
- 牛奶……2大匙
- 沙拉油……2大匙
- 砂糖……60g
- 蛋白……3顆

1
將蛋白與砂糖放入調理碗，攪拌成蛋白霜。

2
加入鬆餅粉、牛奶、沙拉油，以刮刀大略拌勻。

3
將麵糊倒入模型，放入烤箱，以180度烘烤25～30分（插入竹籤，沒有沾上液體即完成）。

會多出蛋白的食譜有這些！
（只使用蛋黃的食譜）

泡菜豬肉炒烏龍　P20
正宗鮪魚肉膾　P37
日式拿坡里義大利麵　P74
乾拌麵　P82
培根蛋麵風味涼麵　P83
精力豬肉蛋黃丼　P136
和風印度絞肉咖哩　P158

國家圖書館出版品預行編目資料

世界第一美味的懶人料理法100道 / 好餓的灰熊著；王華懋譯. -- 初版. -- 臺北市：皇冠, 2020.03
面； 公分. -- (皇冠叢書；第4825種)(玩味；18)
譯自：世界一美味しい手抜きごはん 最速! やる気のいらない100レシピ
ISBN 978-957-33-3517-7(平裝)

1.食譜

427.1 109001033

皇冠叢書第4825種

玩味 18

世界第一美味的懶人料理法100道

世界一美味しい手抜きごはん
最速! やる気のいらない100レシピ

作　　者—好餓的灰熊
譯　　者—王華懋
發 行 人—平　雲
出版發行—皇冠文化出版有限公司
臺北市敦化北路120巷50號
電話◎02-2716-8888
郵撥帳號◎15261516號
皇冠出版社(香港)有限公司
香港銅鑼灣道180號百樂商業中心
19字樓1903室
電話◎2529-1778　傳真◎2527-0904
總 編 輯—許婷婷
美術設計—嚴昱琳
著作完成日期—2019年3月
初版一刷日期—2020年3月
初版六刷日期—2024年5月
法律顧問—王惠光律師

讀者服務傳真專線◎02-27150507
電腦編號◎542018
ISBN◎978-957-33-3517-7
Printed in Taiwan
本書定價◎新台幣380元/港幣127元